走进大学
DISCOVER UNIVERSITY

什么是
计算机？

WHAT
IS
COMPUTER?

U0244879

嵩 天 著

大连理工大学出版社
Dalian University of Technology Press

图书在版编目（CIP）数据

什么是计算机？/ 嵩天著． -- 大连：大连理工大
学出版社，2021.9（2024.6 重印）
ISBN 978-7-5685-3006-4

Ⅰ．①什… Ⅱ．①嵩… Ⅲ．①电子计算机－普及读物
Ⅳ．①TP3-49

中国版本图书馆 CIP 数据核字（2021）第 074582 号

什么是计算机？　SHENME SHI JISUANJI?

策划编辑：苏克治
责任编辑：王晓历　孙兴乐
责任校对：贾如南　白　露
封面设计：奇景创意

出版发行：大连理工大学出版社
　　　　　（地址：大连市软件园路 80 号，邮编：116023）
电　　话：0411-84708842（发行）
　　　　　0411-84708943（邮购）　0411-84701466（传真）
邮　　箱：dutp@dutp.cn
网　　址：https://www.dutp.cn

印　　刷：辽宁新华印务有限公司
幅面尺寸：139mm×210mm
印　　张：5.5
字　　数：88 千字
版　　次：2021 年 9 月第 1 版
印　　次：2024 年 6 月第 3 次印刷
书　　号：ISBN 978-7-5685-3006-4
定　　价：39.80 元

出版者序

高考，一年一季，如期而至，举国关注，牵动万家！这里面有莘莘学子的努力拼搏，万千父母的望子成龙，授业恩师的佳音静候。怎么报考，如何选择大学和专业？如愿，学爱结合；或者，带着疑惑，步入大学继续寻找答案。

大学由不同的学科聚合组成，并根据各个学科研究方向的差异，汇聚不同专业的学界英才，具有教书育人、科学研究、服务社会、文化传承等职能。当然，这项探索科学、挑战未知、启迪智慧的事业也期盼无数青年人的加入，吸引着社会各界的关注。

在我国，高中毕业生大都通过高考、双向选择，进入大学的不同专业学习，在校园里开阔眼界，增长知识，提升能力，升华境界。而如何更好地了解大学，认识专业，明晰人生选择，是一个很现实的问题。

为此，我们在社会各界的大力支持下，延请一批由院士领衔、在知名大学工作多年的老师，与我们共同策划、组织编写了"走进大学"丛书。这些老师以科学的角度、专业的眼光、深入浅出的语言，系统化、全景式地阐释和解读了不同学科的学术内涵、专业特点，以及将来的发展方向和社会需求。希望能够以此帮助准备进入大学的同学，让他们满怀信心地再次起航，踏上新的、更高一级的求学之路。同时也为一向关心大学学科建设、关心高教事业发展的读者朋友搭建一个全面涉猎、深入了解的平台。

我们把"走进大学"丛书推荐给大家。

一是即将走进大学，但在专业选择上尚存困惑的高中生朋友。如何选择大学和专业从来都是热门话题，市场上、网络上的各种论述和信息，有些碎片化，有些鸡汤式，难免流于片面，甚至带有功利色彩，真正专业的介绍文字尚不多见。本丛书的作者来自高校一线，他们给出的专业画像具有权威性，可以更好地为大家服务。

二是已经进入大学学习,但对专业尚未形成系统认知的同学。大学的学习是从基础课开始,逐步转入专业基础课和专业课的。在此过程中,同学对所学专业将逐步加深认识,也可能会伴有一些疑惑甚至苦恼。目前很多大学开设了相关专业的导论课,一般需要一个学期完成,再加上面临的学业规划,例如考研、转专业、辅修某个专业等,都需要对相关专业既有宏观了解又有微观检视。本丛书便于系统地识读专业,有助于针对性更强地规划学习目标。

　　三是关心大学学科建设、专业发展的读者。他们也许是大学生朋友的亲朋好友,也许是由于某种原因错过心仪大学或者喜爱专业的中老年人。本丛书文风简朴,语言通俗,必将是大家系统了解大学各专业的一个好的选择。

　　坚持正确的出版导向,多出好的作品,尊重、引导和帮助读者是出版者义不容辞的责任。大连理工大学出版社在做好相关出版服务的基础上,努力拉近高校学者与读者间的距离,尤其在服务一流大学建设的征程中,我们深刻地认识到,大学出版社一定要组织优秀的作者队伍,用心打造培根铸魂、启智增慧的精品出版物,倾尽心力,

服务青年学子，服务社会。

　　"走进大学"丛书是一次大胆的尝试，也是一个有意义的起点。我们将不断努力，砥砺前行，为美好的明天真挚地付出。希望得到读者朋友的理解和支持。

　　谢谢大家！

2021 年春于大连

前　言

本书是一本与"技术无关"，却"有些价值"的科普读物，没有概念论述及技术精讲，只谈理念、观点和未来，试图回答一个大问题：

——该把人生怎样托付？

当然，这个问题被限定在计算机及相关学科领域，因此，可以更确切地说：

——计算机及相关学科能否成为事业奋斗的起点或归宿？

作为一个计算机科班学者，最初接触计算机时，世界还是486、Windows 95、拨号上网时代。彼时，个人计算

机刚刚普及，人们对待这个"新家电"有颇多不解：为什么花那么多钱买一个游戏机？在那个特殊的年代，不仅个人计算机被误读为游戏机，而且计算机行业其他方面也总被误读，例如，软件工程师被误读为蓝领工人，计算机专业的学生都应该会修个人计算机，游戏和股票交易是个人计算机的主要应用，等等。

上述与个人相关的计算机应用只是计算机科学与技术发展全景的冰山一角。此后二十多年，计算机算力、互联网带宽、软件种类空前发展，"强大算力、泛在互联、丰富软件"快速推动各行业信息化进程，传统手工任务被数字化工具取代，信息传递转向依赖互联网，人类知识生产被万维网加速，万物互联进程悄然开启。

21世纪20年代，以计算机为核心的计算领域仍然在超线性快速发展，摩尔定律、梅特卡夫定律、达维多定律（三大定律）预示着该领域强大的推动力、变革力和生产力。有充足的理由说明，计算机发展仍处于初级阶段，尚未达到理论瓶颈。近年来，计算机嵌入万物而无处不在，互联网变成新经济的主战场，软件全面支撑社会运行并能够精准调度资源，同时，黑客攻击、隐私保护、互联网治理等问题如影随形，与信息化成为"一体之两翼、驱动之双轮"。

《什么是计算机?》以"运算天下、互联万物、智慧引领未来"为主题,在当前技术视野下,试图回答三个问题:什么是计算机?计算机领域如何构成?为什么投身这个领域?首先,本书提出"计算机学"概念,指计算机及系列支撑、繁衍、关联的信息技术总称。其次,从计算机科学与技术、软件工程、网络空间安全、人工智能等学科角度,全面阐述算力、互联、安全、智能释放带来的新方向、新挑战、新发展,引导读者思考"铸剑者与执剑人"的困惑,给科技以路线、辅助以温度,让读者感受科技创新的魅力。

　　本书是一本具有科普性质的计算机入门书籍,面向对计算机感兴趣并期望进入该领域学习的人们。对于高中阶段的读者,本书为他们提供了选择专业的依据,期待这样的参考能够为读者走好未来之路贡献绵薄之力。

　　限于水平,书中仍有疏漏和不妥之处,敬请专家和读者批评指正,以使本书日臻完善。

著　者

2021 年 9 月

目　录

观之：计算机的前世今生　/ 1

人类发展凭什么？　/ 1

何为"计算机"？　/ 4

如何理解计算机？　/ 9

计算机的发展历程　/ 11

如何评价当代计算机？　/ 16

思之：智慧社会的新时代　/ 21

影响世界的计算新理念　/ 21

计算机学发展的三大定律　/ 26

二十年后的世界什么样？　/ 29

什么是智慧社会？ / 36

对智慧社会的未来展望 / 38

学之：计算机的真正魅力 / 41

依托计算机的自我实现 / 42

依托计算机的国家博弈 / 44

依托计算机的科技创新 / 46

依托计算机的人文发展 / 47

计算机的广阔发展空间 / 49

专业：计算机学的科学图谱 / 51

计算机学的专业图谱 / 51

计算机科学与技术专业 / 52

软件工程专业 / 55

网络空间安全专业 / 58

人工智能专业 / 60

大学：知识殿堂的选择题 / 63

中国大学的常用类别 / 63

中国大学的计算机专业的水平情况 / 74

如何选择报考学校与专业？ / 86

如何结合兴趣选择计算机专业？ / 88

前景:撬动的能力与未来 / 91

　计算机学培养哪些思维方式? / 91

　个人最强的计算能力是什么? / 95

　个人关键的计算能力是什么? / 96

　如何用计算机撬动整个世界? / 97

　学好计算机,走遍天下都不怕! / 99

人物:科技风云的弄潮儿 / 101

　计算机学的开山鼻祖 / 102

　计算机学的九位学界大神 / 105

　行业发展的九位业界翘楚 / 113

　科技发展的无名英雄:程序员 / 119

行业:发展的挑战与机遇 / 121

　计算机科学与技术有哪些发展机遇? / 121

　软件工程有哪些发展机遇? / 126

　网络空间安全有哪些发展机遇? / 128

　人工智能有哪些发展机遇? / 131

　中国科技的世界名片:华为 / 137

未来:千里之行始于足下 / 141

　什么是大学先修课程? / 141

计算机有哪些关键课程？ / 142

在大学如何学好计算机？ / 147

有哪些优秀的计算机学习资源？ / 150

如何"铸剑"走天涯？ / 152

参考文献 / 155

"走进大学"丛书拟出版书目 / 159

观之：计算机的前世今生

> 这不过是将来之事的前奏，也是将来之事
> 的影子。
>
> ——艾伦·马西森·图灵

"天下武功，无坚不摧，唯快不破。"这是武侠世界的终极追求目标。计算机是改造自然的锋利武器、人类社会的增长引擎，是一种能力、一组产业、一个时代。计算机的出现虽然仅有七十余年历史，但是它用其计算力、产业驱动力、创新凝聚力释放了科技魅力，彻底改变了社会的科技形态，引领人类大步前行。

▶▶ 人类发展凭什么？

从原始人类四处狩猎却食不果腹，到当代人类占领

世界并貌似征服自然，我们不禁要问：

五千年历史至今，人类发展凭什么？

除了伟大思想引领，人类生产力发展更多的是凭借运用工具的智慧。相比其他动物，原始人类通过刻凿石块、钻木取火，掌控自然之力，得以生存。古代人类通过耕地种植、炼铜炼铁，提炼自然之力，得以发展。当代人类通过信息交融、探求自我，创造非自然之力，得以超越。人类社会借助工具实现了生产力的发展，带动了文明的演进与社会的进步。

根据科技所带来的生产力的不同，人类先后经历了四个科技发展阶段，形成原始社会、农业社会、工业社会和信息社会，并向智慧社会发展，如图1所示。

图1 人类发展的科技阶段

在原始社会，人类借助简单工具进行狩猎，在与自然斗争中获取有限的食物，依靠部落相依生存，在条件适宜

2

的有限地区进行繁衍,与其他动物一样遵循最基本的自然法则:优胜劣汰。此时,人类寿命有限且难以善终,与其他动物同处食物链之中,不占优势,生存艰辛,固然残酷却也无奈。

在农业社会,人类借助耧车与犁耕种粮食,具备了生产食物的能力,无须残酷争夺,已经可以在固定地点生活。因此,城镇逐步发展,人类寿命延长,地权阶级诞生,形成大规模社会组织模式,文明孕育传承。农耕生产力解决人类温饱问题,形成农耕文明。

在工业社会,人类使用机械与电力替代畜力和人力,凭借能源形成大规模工业化生产,满足人类生产、生活所需,构建基于商品的市场经济,显著提高生产力,重塑生产关系。因此,城镇逐步扩大,文明更迭发展,物质形态丰富,资本不断积累并影响世界格局,造就工业文明。

二十世纪末,由于计算机与互联网的诞生,人类悄然进入全新阶段:信息社会。在这里,人类借助计算机实现超自然运算能力,用计算重塑生产、生活,借助互联网加速信息流动,让知识和数据在全球范围内连接,打破交流壁垒、信息壁垒,形成社会泛在交联关系,诞生信息产业,构建了地球村,倡导"人类命运共同体"。

大胆想象，当绝大多数社会资源由信息调配时，大数据智能方法将习得人类行为并高效调度各类资源，工、农业生产实现全面网络化、自动化、智能化，效率提高、浪费减少、事故率降低，人类将进入被充分辅助、仅需少量劳作的新时代：智慧社会。此时，每个人将享受丰富的物质资源，充分流动、自主发展，给予生命更丰富多彩之意义。

智慧社会依托智能和安全技术，既要铸剑又须执剑，形成驱动社会发展的"一体之两翼，驱动之双轮"。智慧社会是科技驱动的美好蓝图，互联网、人工智能、网络安全、大数据、量子计算、云计算、5G/6G、虚拟与增强现实等一批与计算机相关的概念与技术，正在进入人类生活，悄然改变社会经济与科技形态，展现无穷的想象力，给予人类发展的动力和对未来的期望。

无论智慧社会，还是新一代科技革命与产业变革，都表现出对新一代信息技术的强大需求。新一代信息技术以计算机为核心算力，以互联网为交联支撑，以网络安全为关键保障，以人工智能为重要手段，形成一整套方法论和技术体系，从而构成"计算机学"。

▶▶ 何为"计算机"？

"计算机学"是一个综合概念，是指计算机及系列支撑、关联的信息技术的总称。计算机看得见、摸得着,虽然其中表现出一定的科学规律性,但是更多地体现了技术的构造性。那么,为何统称为"计算机学"呢?

"计算机学"包含但不限于计算机技术,主要由四个部分组成:计算机科学与技术、软件工程、网络空间安全、人工智能科学与技术,如图2所示,分别对应系统、软件、安全和智能四个大类方向。

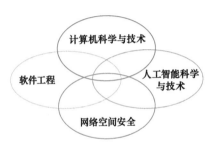

图2 "计算机学"的主要构成

计算机科学与技术是计算机学最基础且最重要的学科方向,包含设计制造各类型现代计算机、互联网、存储及信息系统的理论与技术,主要针对现代计算机及其相关设备,主要覆盖计算机系统结构、互联网体系结构、高性能计算机体系、嵌入式计算机、并行与分布式计算系统、海量存储系统等知识体系。本学科旨在培养具有良好的科学素养,具有自主学习意识和创新意识,科学型和

工程型相结合的高水平计算机系统人才。

随着计算机技术的快速发展，计算机科学与技术内涵得到极大补充，形成计算机系统结构、计算机软件理论、计算机应用三个重要的二级方向。曾几何时，计算机科学与技术是大类领域，相当于"计算机学"。计算机科学与技术包括科学技术与工程技术两方面，二者相互作用、相互影响。在科学层面，该领域研究从单纯计算模型到计算机系统理论、软件理论、计算理论、应用技术理论等多个分支的全套内容体系；在技术层面，该领域在上述研究方向上推动实际方法落地，形成社会生产力。

软件工程是以软件开发与管理为核心内容的学科，可以采用工程化方法设计、组织、构建和维护高质量软件。该学科将工程思想引入软件开发，主要覆盖软件架构、软件设计方法、软件测试技术、软件工程决策支持等知识内容。目标是在给定成本、进度和要求的前提下，开发具有适用性、有效性、可靠性、可理解性、可维护性、可重用性、可移植性、可追踪性、可互操作性和满足用户需求的软件产品，用于服务工业、农业、金融业、交通业等各行业领域的软件开发与组织管理需求。

软件工程是计算机学、系统学和管理学的交叉方向。

随着国家软件向"自主可控"的方向推进,软件工程的内涵也在逐步扩展,从传统工程化软件开发向特色软件开发转变,突破国家在各领域中的专用软件限制。软件工程重点培养软件开发能力及软件项目组织管理能力,培养从事软件工程技术研究、设计、开发、管理、服务等工作的专门人才。

网络空间安全是"计算机学"中以对抗思维构建的一个学科方向,研究网络空间的组成、形态、演化、管理和安全,承担着维护国家网络空间的主权、安全、发展利益等重大使命。网络空间安全是计算机、通信、数学、物理、法律、管理等学科的交叉方向,利用网络空间安全的基本理论和关键技术,培养能够从事各类网络空间软硬件开发、系统设计与分析、网络空间测量、互联网治理、网络安全攻防对抗等方面的创新人才。

信息化与网络安全相伴相生,计算机技术的广泛应用和网络空间的发展极大地促进了经济社会的繁荣,同时也带来了安全风险和挑战。作为继陆、海、空、天之外的第五疆域,网络空间安全也成为保护网络疆域、治理网络秩序、维护国家和人民利益的重要领域。网络空间安全事关人类共同利益,事关世界和平与发展,事关各国国家安全。

人工智能科学与技术以计算机科学为基础，是由计算机学、心理学、哲学等多学科交叉融合产生的新兴学科，其研究与开发基于计算机，用于模拟、延伸和扩展人类智能的理论、方法、技术及应用系统，具体包括语言识别、图像识别、自然语言处理、模式识别、深度学习、人工智能等。

近年来人工智能科学与技术逐渐成为国际竞争的焦点、经济发展的引擎，为社会建设带来了新机遇。当代人工智能技术以算力、算法和数据为基础，仅达到"弱人工智能"阶段，可以实现对简单需求从"不能用、不好用"到"可以用"的技术突破，但其离真正的智能本质仍有很大距离。

"计算机学"以计算机为核心算力，以互联网为交联支撑，以网络安全为关键保障，以人工智能为重要手段，面向信息化、数字化、智能化应用，采用工程思想组织软件，基于计算机构建相对完整的理论、方法和技术体系。本书汇总上述四个学科方向内涵，形成"计算机学"，作为统称。

为了深入理解"计算机学"，有必要先了解"计算机"是如何诞生，又是如何发展的。

▶▶ 如何理解计算机？

计算机是人类最伟大的发明之一。

Computer，最初指专门负责计算的人，类似售票员，后来作为一个工作岗位，到了20世纪中期逐渐演变为计算设备，当代特指电子计算机。

计算机的故事要从人类始于很久以前但延续至今的计算需求说起。人类为何需要计算？很显然，人类在敬畏自然、认识自然甚至试图驾驭自然的过程中，为了认识自然现象、分析自然规律，需要进行量化计算。人类社会对有限资源的分配、对人类活动的有效管理，需要进行优化计算。人类探索思维空间的数学问题、逻辑问题和哲学问题，需要进行推演计算。21世纪，人类间便捷和高效的通信需求推动了网络计算的发展，计算需求已经深入人类社会的方方面面。

求解计算问题的方法由计算科学来研究，具体的计算任务由计算设备来完成。广义上讲，计算设备包含但不限于计算机。计算机的定义有很多种，如下定义更符合计算机的本质：

计算机是根据指令操作数据的设备（A computer is a machine that manipulates data according to a list of instructions）。

从上述定义可以看出，计算机有两个基本特性：功能性和可编程性。功能性是指对数据的操作，表现为数据输入、数据计算和结果输出等。可编程性是指对计算机的控制，根据一系列指令自动地、可预测地、准确地实现操作者的意图。

理解和认识计算机应结合上述两个特性。一般意义上，只要设备具备了计算的功能性和操作的可编程性，就可以被看作计算机。判断一个计算设备是否属于计算机并不依靠其制造材质，计算机不一定是电子的。例如，前沿领域的光计算机、量子计算机、超导计算机、生物计算机等新形态计算设备并不建立在电子学基础上，但它们都体现了计算的功能性和操作的可编程性，属于计算机类别。

当代，计算机已经有了更加丰富的内涵。其中，网络就是计算机，这充分肯定了互联网的作用。

时至今日，谈到计算机而不谈互联网，这是不妥的。非联网的单台计算机价值有限，接入全球上百亿个节点的互联网，计算机将按指数级别扩充，才形成真正意义上的计算机。

▶▶计算机的发展历程

在远古时期,人们用手指、石头或者结绳方式进行辅助计数,完成简单的算术运算。在中国古代,人们设计了算盘,这是一种专用计算设备,由于缺少可编程性,因此算盘不属于计算机范畴。

第二次世界大战期间,美国为了试验新式火炮,需要计算火炮的弹道表。每张弹道表包含近 4 000 条弹道,每条弹道需要计算 750 次乘法和更多的加、减法,工作量巨大。当时任职于宾夕法尼亚大学莫尔电机工程学院的约翰·莫希利(John Mauchly)于 1942 年提出试制电子计算机的初始设想,计划用电子管作为核心部件,提高机器的计算速度。美国军方支持了这个设想。1946 年 2 月 14 日,世界上第一台通用计算机——ENIAC(Electronic Numerical Integrator And Computer,电子数字积分计算机),诞生于美国宾夕法尼亚大学,辅助军方计算弹道表,累计服役 10 年,于 1955 年退役。

ENIAC 长 30.48 米、宽 6 米、高 2.4 米,占地面积约为 170 平方米,共包含 30 个操作台,质量为 30.48 吨,耗电量为 150 千瓦,造价为 48 万美元。ENIAC 每秒可进行 5 000 次加法或 400 次乘法运算,相比人类最快 5 次每秒

观之：计算机的前世今生

加、减法运算，ENIAC 的运算速度十分惊人。在那个时代，ENIAC 代表着人类计算技术的最高成就，它奠定了电子计算机的发展基础，开辟了信息时代。如图 3 所示为 ENIAC 的工作过程。

图 3　ENIAC 的工作过程

自 1946 年第一台通用计算机诞生以来，计算机技术先后经历了多次重大技术发展变革。计算机技术发展具有鲜明的时代性，本书总结为 4 个阶段：计算机系统结构阶段、计算机网络与视窗阶段、复杂信息系统阶段、实用人工智能阶段。

第一阶段：1946—1981 年，计算机系统结构阶段。该阶段始于 1946 年，以全球首台通用计算机 ENIAC 诞生为标志，主要服务于科学计算和商业应用。由于该阶段主要任务在于探索计算机系统结构发展,因此,诞生了很多满足不同需求的超级计算机、高性能计算机、大型机、小型机、工作站、个人计算机等新型计算机设备。与这个时期有限的计算性能和功能相对应,计算机的可编程性主要表现为合理划分软硬件接口、高效控制计算部件、高速实现程序计算,程序设计需要在程序逻辑和系统结构之间、处理能力和存储容量之间、计算和通信之间寻找优化和折中办法。这种精细编程需求催生了C语言(1972年),C语言可以通过指针精细控制内存使用,进而使程序在有限资源下高速运行,十分契合这个阶段的计算性能和需求。

计算机技术的第一个阶段持续了35年,随着以IBM PC为代表的个人计算机诞生(1981年),计算机技术进入了面向大众的新阶段。

第二阶段:1982—2007年,计算机网络与视窗阶段。该阶段始于1982年,以TCP/IP协议诞生为标志,互联网(Internet,最初含义是连接子网的网络)时代正式到来。在这个阶段,计算机技术主要围绕网络技术、视窗技术、多媒体技术发展,以个人计算机和服务器为主要计算平台,提供满足个人计算需求的视窗应用和网络服务。

由于网络将不同类型系统互联，程序被传播与分享，在多种操作系统上跨平台执行成为计算机编程的迫切需求，因此诞生了具备跨平台功能的 Java 语言（1995 年）。与此同时，由于微软 Windows 操作系统在个人计算机领域的高度普及，因此视窗应用"所见即所得"的开发需求催生了 Visual C＋＋（VC）、Visual Basic（VB）（1991 年）等视窗编程语言。

计算机技术的第二个阶段持续了 25 年，随着美国苹果公司 iPhone 智能手机的推出（2007 年），计算机技术进入了面向移动网络应用的新阶段。

第三阶段：2008—2016 年，复杂信息系统阶段。该阶段始于 2008 年，以安卓（Android）开源移动操作系统的发布为起点，一批新的计算概念和技术几乎同时提出并显著推动了计算技术的升级换代，这些概念包括移动互联网、网格计算、多核众核、云计算、可信计算、大数据、可穿戴计算、物联网、区块链等。这些概念的提出反映了计算机应用的多样性和复杂性，但同时也带来了更严峻的安全问题。这说明计算机技术的发展已经进入了复杂信息系统阶段，很难有任何一个技术独领风骚，任何系统都需要不间断完善才能提供更加安全可靠的功能。

复杂信息系统之间通过网络、开源项目和社交关系等高度关联，人类会逐渐认识到计算机系统的复杂性将到达人类所能掌控的边界。面对复杂的功能性和紧迫的迭代周期，计算机需要更高抽象级别的程序设计语言来表达可编程性，Python 语言（2008 年 3.0 版本）蛰伏已久并快速发展，成为该阶段主流编程语言。

计算机技术的第三个阶段只持续了近 10 年，随着深度学习算法的提出及 AlphaGo 轻松超越顶尖人类棋手的卓越表现（2017 年），起起伏伏六十余年的人工智能再次成为主流，推动计算机技术进入"智能"的新阶段。

第四阶段：2017 年至今，实用人工智能阶段。该阶段始于 2017 年，以 AlphaGo 卓越表现为标志。当代人工智能已有阶段性进展，能够在诸如人脸识别、机器翻译、图像搜索等方面成熟应用，进而形成实用的人工智能技术体系。各领域的新发展都冠以"智慧"或"智能"字样，形成诸如智慧社会、智慧社区、智慧司法、智慧教育、智慧体育等新名词，可以看出社会对智能技术的热切期盼。

然而，当下人工智能还处于较低的技术水平，主要靠算力、数据和简单算法支撑，并不具备可解释的逻辑推理能力，只能替代人类解决一些规程式任务，释放非强智力

或强服务的人类工作。

随着量子计算、概率图模型、深度学习、在线搜索引擎等新一代信息技术的发展，未来某个时期可能会出现更具智慧的人工智能阶段，形成新的智能体。彼时，计算机或许已经没有了独立的载体，它将通过网络、数据和机器整合一切可用自然资源，逐步接管人类所有非创造性工作，计算机技术将进入一个未知的新阶段。

计算机正在借助人类智慧不断"进化"，奔向奇点。

▶▶ **如何评价当代计算机?**

1946 年，世界上第一台通用计算机诞生；1981 年，世界上首款个人计算机 IBM PC 5150 问世；2009 年，中国首台千万亿次计算机"天河一号"研制成功；2016 年，"神威·太湖之光"在无锡安装使用，连续四次夺得"全球超级计算机 500 强"榜首。

七十余年，计算机从占据两个房间的"庞然大物"，演变为改变人类社会发展的推动力，促使人类信息处理能力提高了几个数量级，在各领域发挥着至关重要的作用。当代计算机是人类智慧的集中体现，不仅超越自然，而且改造人类自己。

当代计算机不仅自身发展迅速，还带动了科技革新、经济支撑、社会发展，与此同时产生了黑客攻击、隐私保护、互联网治理等新的问题。

❖❖❖科技革新

当代计算机是科技革新的鲜明代表。例如，2020 年，"九章"量子计算机问世，它只用 200 秒完成了 5 000 万个样本的高斯玻色取样，与之相比，世界上最快的超级计算机"富岳"需要 6 亿年来完成；当样本数量达到 100 亿时，"九章"需要 11.1 小时，而"富岳"需要 1 200 亿年。尽管未来计算机的研究还处于实验阶段，但科学家已形成共识，计算机的算力发展在未来仍有巨大空间，无论何种计算机，都代表着未来人类科技新的顶点，是信息技术迎来新一轮变革的起点。

当代计算机广泛融入工业产品，从耳机、音响到汽车、高铁，带动各行业开展科技革新，引发新一轮科技革命与产业变革。例如，在强大算力支持下，人类基因测序耗时已经从 3 个月降到 1.5 小时，完全能够在临床诊断中引入测序结果，实现基因级别的医疗精准预测，进而将引发临床医疗诊断的巨大变革。

❖❖❖经济支撑

计算机发展造就了软件与通信、数字经济、新基建等

一批从业规模巨大的领域，催生了众多相关产业的落地与发展，其新兴产业展现了惊人的经济效益。

2019年，全球公有云市场规模达到1 883亿美元，从最开始的IT基础设施领域扩展到硬件制造、软件开发平台、软件部署、销售、服务等几乎所有IT领域。2020年，全球大数据市场规模达到600亿美元，包含软硬件、服务、医疗、公共安全治理等与人们生活息息相关的领域。人机物互联逐步变成现实。2020年，全球物联网终端市场规模达到2.93万亿美元，成为未来网络发展的重要方向。

❖❖社会发展

计算机的出现具有划时代的价值和意义。美国技术哲学家兰登·温纳(Langdon Winner)曾指出："技术不仅会帮助人类活动，也是重塑活动及意义的重要力量。"计算机技术发展将劳动工人从重复的工作中解放出来，改变人们传统的劳动模式。因此，诞生了当下空前繁荣的信息社会，社会进程也因此发生了永久性的变化。

计算机和互联网的使用不仅对社会发展产生深远的影响，更改变了人们日常的生活方式，也逐渐成了人类工作学习的重要组成部分。计算机构建了除人类社会和自然界之外的第三世界——信息世界，通过引入新的空间，

18

提供了人类解决问题的新方式。

科技发展终归是一把双刃剑,有矛有盾、相生相克。当代计算机发展面临着黑客攻击、隐私保护、互联网治理等难题和挑战。

✤✤✤黑客攻击

计算机的本质是规则实践,规则对抗将产生安全问题。先进技术掌握者能够凭借自身技术优势对系统进行攻击,例如,利用计算机漏洞获取系统管理员权限,窃取、篡改数据,带来网络空间安全的严重威胁和重大挑战。近些年发生的勒索病毒软件、推特用户信息泄露事件等,都体现了黑客攻击的巨大破坏性。2010年,"震网"病毒被报告,伊朗的铀浓缩设备被攻击,对伊朗核电站造成了重大经济损失。

✤✤✤隐私保护

当前,移动互联网、5G、物联网等领域快速发展,人机物等众多设备通过互联网应用融入人类生活。这些应用以各种方式收集用户数据,通过数据挖掘技术能够还原使用者"画像",进而实现精准营销,带来信息茧房。恶意使用这些信息将威胁个人信息安全,破坏隐私性,给使用者带来困扰。隐私保护已经不仅是技术问题,而且涉及

观之：计算机的前世今生

法律问题和社会问题。

✤✤✤互联网治理

网络空间成了当代人类生活的主要场地及赖以生存的公共基础设施。网络空间产生的诸多问题，不仅是国际社会关注的重点，而且关系到国家主权安全。如何辨识网络信息、如何治理互联网，也是当代计算机进一步发展所必须面对的社会问题。

那未来呢？

计算机的强大算力、互联网的交联能力、网络安全的精准保障，核心在于快速、融合、安全地处理信息，这是现代社会发展的必要条件。自计算机问世以来，人类就在不断追求更高算力，突破计算能力的极限，"九章"量子计算机的成功，展示了未来计算机发展的无限可能。

展望未来，更高、更快、更强是计算机发展的必然趋势，安全、温度、关怀也将是计算机融入社会的重要方式。此刻，或许难以推测计算机的未来发展，但可以肯定，未来计算机的发展必然能够影响每个人，再次改变社会进程，引起更新一轮技术革命和产业变革。这是一个快速发展的领域，更是一个充满希望的领域。

计算机学，简单观之，值得托付吗？

思之：智慧社会的新时代

> 科学研究的进展及其日益扩充的领域将唤起我们的希望。

——阿尔弗雷德·诺贝尔

"我是谁？我从哪里来？我要到哪里去？"这是哲学的终极问题。当代人类生活在科技时代，每个创新、每项科技发明、每次科技进步，都可能引发产业革新或变革，人类将来要到哪里去，取决于科技发展。计算机技术正从科技角度大踏步前进，不断用新的概念和模式铸就一个崭新时代。

▶▶影响世界的计算新理念

"上兵伐谋。"在推动科技创新浪潮中，计算机学充分

发挥理念认同的作用，由学术、产业、政府共同推动，将一批"计算新理念"推向社会，成功影响各行业信息化进程，丰富了计算机学内涵。

以下这些影响世界的计算新理念是了解计算机学发展历程的一扇扇窗户，让我们一起来了解一下。

❖❖云计算（Cloud Computing）

"云"是网络的形象描述，云计算是提供计算资源的网络形态。简单说，使用者通过向云计算厂商提交网上申请，即可获得具备特定算力、网速、存储的网络计算机，进而，使用者可以在该计算机上部署所开发的应用程序，在互联网上完成计算功能。

云计算厂商将大量实际计算机及相关资源组织起来，对外按需提供可配置的计算服务，不需要使用者对计算机硬件、网络、存储进行维护，极大提高了计算机使用的便捷性。

云计算在 2006 年被提出，成为继计算机、互联网后又一次技术革新，促成信息时代的又一次技术飞跃，成为信息化的主要方式。计算资源已然成为一种商品，在互联网上流通，便于取用且价格低廉。如今，大多数主流网站都工作在云计算平台上，如政府网站、娱乐网站、手机

App 后端管理等,为繁荣软件应用提供了基本保障。

✤✤物联网(Internet of Things)

物联网,顾名思义,即"万物相连的互联网"。与传统互联网主要连接计算机不同,物联网主要针对自然世界。物联网的目标是利用各类信息采集或传感设备,将自然世界纳入大网,实现在任何时间、任何地点的"人-机-物"互联互通。

具体来说,物联网通过各种信息传感器、射频识别技术、全球定位系统、红外感应器、激光扫描仪、音视频采集装置等实时采集自然世界中需要监控、连接、互动的物体并形成信息,借助网络平台实现物与物、物与人、物与机之间的信息交互,达到智能化感知、识别和管理自然世界的目的。

"物联网"在 2005 年被提出,标志着无所不在的"物联网"时代的到来。世界上所有物体都可以借助采集设备接入互联网,并接受控制、发挥影响、默默为人类服务,促进智能交通、智能家居、现代物流等大批新模式确立。

✤✤大数据(Big Data)

大数据,指规模巨大的数据。大数据具有 5V 特征:海量(Volume)、高速(Velocity)、多样(Variety)、低价值

密度（Value）、真实（Veracity）。其中：

海量指数据规模庞大，如视频网站中大量待播放作品，占用巨大存储空间，有一定数据规模。

高速指数据动态产生，如用户利用网络购物时的浏览轨迹数据，它们会被实时记录并用于购物分析。

多样指数据获取来源多样、格式不一，如智能楼宇的传感器，不仅获得声光温度数据，还获得视频监控数据。

低价值密度指数据单体价值不多，需要大批量数据关联分析，进而形成整体认知，如各类系统的日志信息。

真实指每个数据都源于真实行为，不存在干扰性偏差，如互联网流量数据，都是用户行为的真实反映。

大数据是互联网支撑下应用程序数据生成的必然结果。借助专有大数据平台，具有 5V 特性的大数据能够被方便利用，采用数据挖掘技术，即可获悉数据背后的信息或价值。在疫情流调、商业情报、社会学等几乎所有的数据分析领域，大数据技术都具有关键的支撑作用。

❖❖❖ 区块链（Blockchain）

区块链本质上是一种基于加密安全技术的分布式账本。区块链技术源于比特币，加入账本的数据具备不可

24

伪造、全程留痕、可以追溯、公开透明、集体维护等特征。在区块链中，没有中心管理单元，而是依靠密码学方法，用已有数据区块验证信息防伪并生成下一个数据区块，构建一种链式"信任"基础，创造可靠的"合作"机制，形成技术创新。

比特币于 2008 年诞生，整合了先进的加密技术、时间戳技术、区块链技术等，形成一整套电子现金系统，在人类历史上首次建立了无中心的数字货币。

✤✤✤ 人工智能（Artificial Intelligence）

人工智能是研究、开发用于模拟、延伸和扩展人的智能理论、方法、技术及应用系统的一门技术科学。人工智能企图了解智能实质，生产一种能以人类智能相似的方式做出反应的智能机器，该领域研究包括机器人、语言识别、图像识别、自然语言处理和专家系统等。

1956 年人工智能概念就被提出，但直到今天，随着具有强大算力的计算机普及，人工智能才迎来新的浪潮期。AlphaGo 在围棋中战胜人类，证明了人工智能研究者可以使用强大的计算机硬件和数学知识在一定程度上模仿人类学习和思考的过程。人工智能应用广泛，存在日常计算设备中，该领域的研究仍然在继续，未来人工智能或许会朝着更集成、更智能的形态演变。

▶▶计算机学发展的三大定律

1946 年全球首台通用计算机 ENIAC 诞生以来，计算机技术影响了整个世界的表现形态，信息技术深入每个领域，呈现出超线性发展，且趋势不可逆转。那么，计算机学的高速发展有规律可循吗？

细看历史，计算机发展并非依靠几个定律前行，里面充满了科学家的智慧、工程师的坚毅和温暖大爱的抉择。然而，了解几个重要定律对于宏观认知计算机发展有些许好处。

计算机整个业态发展与三个定律相关。定律是一个统称，可以是预测法则、价值法则或商业法则。

✤✤摩尔定律（Moore's Law）

摩尔定律是计算机发展历史上最重要的预测法则之一，由英特尔（Intel）公司创始人之一戈登·E.摩尔（Gorden E. Moore）于 1965 年提出。注意，它不是物理或自然法则。摩尔定律指出，单位面积集成电路上可容纳晶体管的数量约每两年翻一倍。

由于计算机领域几乎所有的重要部件，如 CPU、内存、硬盘、网络接口等,都由集成电路实现,摩尔定律实际上揭示了1965年至今仍在高速发展的半导体技术趋势,进而,摩尔定律成为计算机性能水平的一个重要预测法则。

1970年到2020年集成电路晶体管数量的实测数据,可对比摩尔定律的预测。以1970年 Intel 4004处理器(2 300个晶体管)为基点,50年间,摩尔定律预测集成电路晶体管数量将超过380亿个,提高1 650万倍。实际上,2020年 AMD EPYC Rome 处理器(400亿个晶体管)相比 Intel 4004处理器提升了1 740万倍。摩尔定律不仅有效,且仍然在继续发展。

❖❖梅特卡夫定律(Metcalfe's Law)

梅特卡夫定律是一个价值定律,由乔治·吉尔德于1993年提出,以计算机网络先驱、3COM 公司创始人梅特卡夫命名。梅特卡夫定律指出,一个网络的价值与网络节点数的平方成正比。这个定律说明了网络规模对于网络价值的影响:随着新节点的接入,网络价值呈非线性增加,每个节点所获平均收益也会越大。

对于传统经济模式,参与分享的人越多,则每个参与者所分得的就越少,可是网络并非如此。根据梅特卡夫

定律,网络价值增长的速度超过了节点增长的速度,每个节点所获效用反而会增加。

梅特卡夫定律对政府投资基础设施、引导技术创新也有很多启示。政府大力投资网络技术研究或基础设施建设,将能带动网络整体价值快速提升。第五代移动通信系统(5G)的成熟应用将开启物联网时代,预计接入设备超过 500 亿台,相比现在全球不超过 100 亿台互联网接入量,5G 网络价值十分惊人。所以,5G 技术正成为各个大国之间竞争的焦点。

❖❖达维多定律（Davidow's Law）

达维多定律亦称 50％定律,这是一个商业法则。达维多定律指出,第一代领先的创新产品能够自动获得 50％的市场份额。如果被动地以第二代身份或者第三代身份推出新产品,那么获得的利益远不如作为冒险者的第一代获得的利益多。

Intel 公司在产品开发和推广上奉行达维多定律,始终是微处理器的开发者和倡导者,其产品不一定性能最好或速度最快,但一定是最新的。例如,当 486 处理器产品还很有市场时,Intel 公司有意缩短 486 处理器技术生命,由奔腾处理器取而代之。Intel 公司运用达维多定律把握着市场的主动性。

一个计算机或信息技术相关企业，只有不断创造新产品并及时淘汰老产品，才能形成新的市场和产品标准，前提是要在技术上领先。相关企业需要依靠创新带来短期优势获得高额"创新"利润，而不是试图维持原有技术或产品优势。达维多定律揭示了企业要生存就必须创新的规律，解释了创新带来的巨大价值。在达维多定律的指引下，计算机行业及计算机学发展不断前进。

总而言之，摩尔定律、梅特卡夫定律、达维多定律，构成了推动计算机学发展的三大定律。计算机学整体发展不是简单的线性发展，而是呈现出非线性发展特点。尽管发展速度存在一定极限，但可以预见的是，在未来很长一段时间内，计算机学仍将保持高速发展的趋势。

▶▶**二十年后的世界什么样？**

二十年后，无人驾驶、空天地一体化网络、泛在智能、虚拟与增强现实、电子货币等技术将给人类带来一个观感不同的新世界。这里分享五个小故事，一起感受二十年后科技带来的宁静、便利和温暖。

➡➡无人驾驶

这是一个阳光明媚的午后，街道上除了风吹枝叶的沙沙声和几声鸟鸣，难以听见别的声音。如果不往马路看，二十年前的人们很难把那么多形态各异的车辆和这样静谧的午后联系起来。车流安静而有序，看上去如同流淌的河流；而车上的人们，沉浸在春日午后的美梦中。

"爸爸，快别睡啦，让车开快点，我们早点去场地……"张三从午睡中醒来，看着兴奋不已的儿子，张三想起来答应过儿子，今天带他去手动挡机动车驾驶场地开车玩。于是他坐起来，在轿车控制台上把小憩模式切换回常规模式，车速逐渐变快，灵活地绕过周围缓缓前进的其他车辆。张三从车窗往外看着，意味深长地对儿子说："你看看，多了不起的科技啊。以前我在你这个年纪的时候，老师让我们写幻想未来的小作文，我就写了未来的汽车会自己开，甚至还可以在天上飞。现在它们居然真的会自己开了！甚至比人还开得稳。也许哪天就能在天上飞了吧！"儿子往外瞥了一眼，无法理解爸爸的感慨，他对这些现代车已经见怪不怪，现在他的心里只有一望无际的驾驶场和那一辆辆造型复古的手动挡汽车——它们竟然不需要充电，靠着往车里注入一种液体就能跑很远，而且必须有人在驾驶座上驾驶它,否则它完全无法启动。

➡➡空天地一体化网络

李四是个渔民,也是一个主播。直播虽然早在二十年前就不是什么新鲜事,主播这个职业也早就成了普普通通的职业,但李四却很特殊——他靠着直播自己在海上捕鱼而意外走红,仅仅几场直播就积累了百万粉丝。

说起为什么要从事直播,李四向网友们分享,说是受女儿的启发。女儿大学毕业进入网络通信行业,这几年空天地一体化网络大量部署,女儿也参与其中。李四以前经常打听女儿干的是什么工作,可总是不明白女儿口中的那些技术名词。有一次,女儿突发奇想,对李四说:"爸,明天天气不错,你出海之前把智能手机带上,咱们视频聊。"李四疑惑不已,自己出了大半辈子海,老早就知道海上没有基站,打电话都没有信号,怎么开得了视频呢?结果第二天,还真就给女儿拨通了视频。他问屏幕那头的女儿:"这海上都是水,没有基站,哪来的信号呀?""爸你往天上看看。"李四抬头,除了白晃晃的天空,其他什么都看不到。女儿说:"天上也可以有基站,我们的工作就是这个,不管是海上、山里、还是沙漠里,有了空天地一体化网络,在这些地方都能上网。"后来李四出海就带着智

思之：智慧社会的新时代

能手机，有一天他尝试着在网上直播，结果意外引起了网友的关注。

李四的走红也在直播行业刮起了一股"云体验"的热潮，一时间野外徒步、攀登雪山、穿越沙漠的直播层出不穷。得益于全方位、高可靠性的网络部署，过去人们只能从视频录像中看到的画面，如今可以通过网络进行实时观看，如同身临其境。空天地一体化网络的部署也使得这样的户外活动更加安全，因为在很多地方遇到麻烦都可以及时求助，通过网络能获取求助者准确的定位。

➡➡泛在智能

王二正在一家智慧餐厅用餐。智慧餐厅应用泛在智能技术，为顾客提供极致的服务。这些年已经有不少智慧餐厅开张，由于其服务周到，长期以来始终热度不减。相比于服务，王二更在意菜品的口味。

他找到一个雅间就座，桌面上立刻显示了菜单，可以通过触控点菜，菜单上既有顺序排列的菜品及其详细信息，又有推荐列表。刚点了两道菜，推荐列表立刻出现了一种汤，恰好符合他的饮食习惯，于是他选择了推荐的汤，提交了菜单。

第一道菜是辣椒炒肉,王二尝了一口,虽然鲜香味美,但是感觉太辣了,这时立刻有服务员敲门进来,递过来一杯凉白开,并耐心地询问王二是否需要点别的饮料。他很惊奇,问服务员怎么来得这么及时?服务员解释说:"智慧餐厅大量的传感设备能够感知客人的动作和面部表情,当有客人被菜辣到时,就会自动提示就近的服务员送去凉白开,并且通过综合所有顾客对某个菜品的评价调整配方。毕竟表情和动作很难说谎。"

第二道菜是麻婆豆腐,菜端上桌后,王二迫不及待地想尝一口,刚要伸筷子,就被桌面上传来的温柔的语音打断:"当前菜品为麻婆豆腐,请谨慎食用,小心烫伤。"王二心想,吃麻婆豆腐稍不注意就会被烫伤,这智慧餐厅确实很有智慧。

第三道就是番茄鸡蛋汤,王二刚拿起勺子盛了一碗,就不小心把汤汁溅到了衣服上,留下了污渍。他一边擦一边想,这下糟了,下午还要去参加一个会议,回家更换可能来不及。这时屏幕上竟然显示出王二身上穿的相似衣服最近的售卖点,以及附近的洗衣店。看到这些信息,他放心了许多,心想既然已经擦不干净,那还是先把饭吃完吧。

思之:智慧社会的新时代

饭后，王二去附近的售卖点购买了需要的衣服，把带有污渍的衣服交给了旁边的洗衣店。虽然这一餐吃得并不顺利，但是智慧餐厅的服务确实让他得到了非常好的智慧服务体验。

➡➡虚拟与增强现实

虚拟和现实，这对相互对立的概念，已经越来越融为一体，密不可分。人们把真实世界难以承载的东西搬运到虚拟世界，让虚拟世界为真实世界服务。

小高是一名外科医生，正在开展自己真正意义上的第一台手术。年纪轻轻的他，其实曾实施过多次大大小小的手术。当然，这些手术十次有九次都是虚拟的，唯一真实参与的那次则是他在旁边给主刀医生递手术钳。

为了缩短外科医生的培养周期，保障外科医生的技术水平，虚拟现实技术已经广泛应用于医学生和实习医生的训练与考核。受训者只需要穿上 VR 套装，导入模拟手术的相关数据，VR 设备就能生成逼真的手术场景，包括眼睛看到的真实画面、耳朵听到的各种声音、皮肤感觉到的近乎真实的模拟触觉。受训者可以选择导入不同的数据，在各种不同的手术场景下进行训练，系统将根据受训者的表现，指出每个操作存在的错误，并给出最终的得分。

小高回忆起自己的学生时代,刚开始使用 VR 套装进行手术练习时,由于紧张常常出错。后来主动向导师申请增加练习次数,渐渐地做的练习多了,犯错也就少了。可现在面对现实中的病人时,他还是难免有些紧张。

"不会有问题的,虽然我很年轻,但是我并不缺少经验。"小高暗自加油打气,他告诉自己,眼前患者的状况他曾经模拟处理过好几遍,现在只需要冷静地完成各个步骤,手术就能成功。在他完成这台手术、走出手术室的那一刻,他将成为一名真正意义上的外科医生,也就是从这一刻开始,他将开启人生的全新阶段。

➡➡电子货币

现在已经是 21 世纪 40 年代,随着电子货币的普及,纸币已经很少见了,人们出门早已习惯不带现金。这样的趋势在二十多年前已经初见端倪,那时候的人们只需要携带手机,就可以用当时手机上的 App 进行线上转账和付款,无论是打车、吃饭、购物,都支持电子货币。然而,那时的人一定没有想到,现在人们出门不但可以不带钱,甚至可以不带手机。因为现在已经全面支持刷脸支付,支付设备根据用户选择的商品从用户账户上扣取相

应的金额。支付设备同样支持转账操作和金融业务办理，因此支付设备也被人们叫作"小银行"。

小丽正在购物中心挑选帽子，相比于在家穿上 VR 套装进行虚拟现实购物，她更喜欢到购物中心挑选，因为觉得这样更有仪式感。

小丽在货架之间来回挑选，终于挑出了一顶自己满意的帽子。随后，小丽把帽子拿到收银台，放在台面上。每个收银台上都有一台"小银行"，它的显示屏上自动显示了帽子的价格等详细信息，同时通过语音询问小丽是否确定购买。小丽回答"是"，并望向显示屏上方的摄像头，随后得到语音提示：已经完成付款。

小丽戴着新买的帽子，准备打车回家。她站在打车点，很快就有一辆自动驾驶汽车停在她面前。她打开车门上车，看到车上也有一台"小银行"。小丽在车上选择了目的地，然后刷脸支付了车费。在回家的途中，小丽想到上个月的工资刚到账，可以拿出一部分进行投资理财，于是在汽车上制订了一份立即执行的理财计划。

▶▶**什么是智慧社会**？

智慧社会是对我国信息社会发展前景的前瞻性概

括,建设智慧社会对于推动经济社会发展、满足人民日益增长的美好生活需要具有重要意义。党的十九大报告中提出建设智慧社会的战略部署。建设智慧社会主要是从顶层设计的角度,为经济发展、公共服务、社会治理提出了全新的要求和目标。智慧社会展现了数字中国、网络强国建设的未来前景,承载着人民对美好生活的向往。

智慧社会是科技引领社会发展的新形态。通过构建人机物交互的新基建,实现跨领域业务的深度融合与协同应用,助推社会运行模式新变革。智慧社会以精准感知、广域互联、协同计算、智慧服务为主要模式,将科技创新与社会各领域深度融合,能够对由社会的经济发展、产业结构、生态环境、科技水平、教育程度、军事战略等构成的综合网络进行重塑。新一轮科技革命和产业变革深入发展也会为智慧社会带来增长新动力,以数据赋能社会发展,推动整个社会的智能化进程,从而产生一个全新的智慧社会。

智慧社会是应对日趋复杂风险的新范式、前沿科技创新发展的新聚点、领域协同提质增效的新机遇。智慧社会是信息网络泛在化、规划管理信息化、基础设施智能化、公共服务普惠化、社会治理精细化、产业发展数字化、政府决策科学化的社会。计算机渗透在人类社会的各个角落，计算机技术不仅能帮助人类活动，也是重塑活动及意义的重要力量。

▶▶对智慧社会的未来展望

智慧社会以计算机学为核心支撑，以下从科技、文化、社会、地缘角度展望智慧社会的未来。

❖❖从科技角度看待智慧社会的发展

智慧社会的建设离不开技术的智能化，如今计算机技术发展已如火如荼，例如人工智能、区块链、云计算、VR/AR 技术，其中有些新兴技术已在特定领域得到了应用。其中人工智能使一切技术变得更加智慧，能够处理海量数据，让计算机像人一样理解图片、文字。而恰恰是这些智能化技术的兴起，改变了过去的生产模式，使许多重复性劳动被取代，推动人类社会向更高阶段迈进。

❖❖从文化角度看待智慧社会的发展

现代信息技术催生了新的数字文化产业，而大数据、人工智能、虚拟现实等新兴技术进一步提升了数字文化的体验性、互动性、真实感和吸引力。这些技术与艺术、游戏、教育领域的融合，造就了许多新兴产业，如 AI 体验馆、自媒体、在线教育等，在某种意义上，个人可以通过网络获取发展资源，减少对大机器、大工厂和大机构的依赖。新兴产业也进一步丰富了人们的文化和精神生活，以新的形态增强了社会文化的活力。随着技术的不断迭代，未来会有更多的文化产业形式出现，从而影响人们的精神世界，开创一个更加开放、包容、平等的新型文化世界。

❖❖ 从社会角度看待智慧社会的发展

计算机新兴技术的快速发展与应用，使得人类的生产、生活方式与社会形态结构发生了深刻变化，也给人类社会的伦理道德、治理体系带来了重大挑战。信息基础设施的建设让每个人联入了互联网，改变了人类的交流方式和生活方式。信息技术体系发展带动了工业的信息化升级，优化了产业整体效能。人工智能显示出促进经济发展、推动社会重构的巨大威力，成为我们走向未来的强大动力之一。未来，计算机技术的突破和广泛应用，将会引发新的信息产业革命，改变社会交流方式。如何赋能社会的治理，将是值得我们深入思考的重要课题。

❖❖ 从地缘角度看待智慧社会的发展

随着 Internet 在全球的普及及其在各个领域的广泛应用，以地理位置为联结纽带的地缘关系逐渐弱化，工业时代那种以地缘为本的场地分割和垄断方式的合作模式逐步被打破，全球联系不断增强，人类社会在全球规模的基础上发展,全球意识崛起。网络可能成为各行各业、各国各界寻求发展的引擎,它将把人类社会带入一个全新的数字化历史阶段。未来,高速的网络连接将是普及的标准,网络将成为人类工作、生活及娱乐的必要基础设施。

学之：计算机的真正魅力

你想用卖糖水来度过余生，还是想要一个机会来改变世界？

——史蒂夫·乔布斯

仗剑走天涯，阅繁华世界。如此洒脱、无所畏惧、心随己动的生活，你向往吗？当代社会，计算机是"自由之剑"，一人一机，三五好友，在世界的某个角落，借助全球大网（互联网），挥斥方遒、指点江山，感受时代洪流。无论你是谁、来自哪里、身在何处，都可以被世界接受，都可以改变世界，这就是计算机的真正魅力！

——计算机学，选或是不选？学或是不学？

——先来看 10 个理由。

▶▶依托计算机的自我实现

❖❖理由 1：计算机是个人改变世界的重要工具

计算机不只是计算工具，更是实现梦想的舞台。

计算机不是普通的生产工具，而是作用于信息、连接网络空间的重要节点。只要信息有价值，任何信息处理方式都将具备价值，进而通过信息改变世界。

然而，这不是全部。信息处理往往并不需要太高门槛。三五好友、几台计算机，就能够接入全球大网（互联网），挖掘社会需求，靠智慧创造新工具、新模式、新业态，实现自我价值，为社会带来贡献，在历史上留下属于自己的一抹痕迹。

谷歌公司成立于 1998 年，由拉里·佩奇（Larry Page）和谢尔盖·布林（Sergey Brin）共同创建。谷歌搜索引擎的早期版本由两位创始人在斯坦福大学校园内联合开发完成。

❖❖理由 2：计算机学仍有大量科学与技术亟待探索

算力、互联、安全、智能是计算机学永远追求的重要方向，可以形成广阔的探索空间。

当代计算机依托硅材质半导体，算力极限会在芯片工艺接近原子尺寸时达到。然而，未来计算机基于其他材质，如量子计算机，将带来新的算力极限。可以预见，计算机算力将有无限发展可能，挑战与机遇并存。

当代互联网连接全球近百亿个节点，然而，这远远不够。如果将人类的生产资料、社会要素、物理空间广泛互联，借助工业互联网、物联网、移动通信系统，全球待接入节点将达到万亿级规模，且互联可靠性要求将提高一个数量级以上。然而，以 TCP/IP 协议为核心的互联网却不具备如此能力，未来互联网可能在不久的将来正式登场，为人类社会发展提供新的互联内核。

安全是矛与盾的博弈，相伴而生，永远存在。只要计算机系统存在，安全就是永恒的话题。或者，某一天世界被计算机所接管，人类被计算机所奴役，那时，也许只有人机安全对抗才是可行的解决方案。安全领域永远有新问题、新机会、新发现，对于计算机系统，任何安全短板都将带来严重威胁。

当代智能技术依托算力、数据和算法设计，属于弱人工智能方案，仍然处于人工智能发展初始阶段，仅能习得相对固定的计算模式，展示非解释性有限智能。当前人

学之：计算机的真正魅力

工智能技术无法建立推理体系，对给出的结论难以形成逻辑解释，与人类智能相距甚远，研究潜力巨大。然而，当前人工智能却可以很好地支撑人脸识别支付、语音助手、人工翻译以及无人驾驶等应用，为社会运行提供更优化的方案。

大量证据表明，当前计算机学所表现的算力、互联、安全、智能仍然处于初级阶段，每个领域都将在未来几十年产生较大的突破，极大地促进了计算机学的发展与应用。

▶▶依托计算机的国家博弈

❖❖理由3：计算机学是国家科技布局的重要领域

计算机学体现国家科技实力，已经成为国家博弈的重要领域。

我国一直强调科技强国战略，坚持科技创新，在"十四五"发展规划中，将科技自立自强作为国家发展的战略支撑，在人工智能、量子信息、网络通信等计算机前沿领域加大支持力度，实施国家重大科技项目，为我国计算机学的蓬勃发展带来新的活力。

计算机学在迎接数字时代，激活数据要素潜能，推进网络强国建设,加快建设数字经济、数字社会、数字政府,以数字化转型整体驱动生产方式、生活方式和治理方式变革的过程中具有壮大经济发展新引擎、构筑全民畅享的数字生活、提高决策的科学性和服务效率等重大作用。

❖❖理由 4:计算机学是保障国家安全的重要力量

计算机学是一种强大的力量,能够保障国家安全、人民安宁。

信息时代,国家之间网络信息交织,互相渗透,网络安全与国家安全密不可分。网络信息战成为 21 世纪典型的战争形态,斗争双方谁能够抢占网络空间的信息主导权,谁就能把握斗争的主动权,从而获得胜利。

实现核心技术突破必须走自主创新之路,中国的信息化技术一定要掌控在我们自己手中,从而实现国家的自立自强。

中国是网络安全的坚定维护者,也是黑客攻击的最大受害国之一。邬贺铨院士指出,无论是基础设施、技术、产业,还是网络安全和网络话语权,中国与发达国家相比还有很大差距。我们现在还不算网络强国,建设网络强国还有很长的路要走。

▶▶依托计算机的科技创新

❖❖理由 5：计算机学是各领域科技创新的重要推动力

计算机学的发展不仅带来了自身的科技创新，作为关键工具，计算机学的发展还将显著推动其他学科领域的科技创新。

计算机的算力提升将直接促进其他依托计算机辅助学科的发展。例如，石油勘探重建地理信息，其中涉及大量数据计算，往往需要高性能计算机完成。算力提升将促进石油勘探更加精准，降低勘探成本。

互联能力提升将促进多元数据融合，建立数据相关关系，有助于打通信息壁垒，挖掘信息的更大价值，通过信息聚集提升能力。例如，物联网通过采集路网信息，能够建立精准的智慧交通系统，降低拥堵概率。

安全提升将促进信息化在各领域的快速发展，用来保障信息化可靠实施。例如，无人驾驶被认为是未来交通出行的主要方式，然而，无人驾驶安全问题会形成大规模应用隐患，亟待解决。

人工智能的机器学习算法被很多领域广泛使用，甚至形成了很多交叉学科。例如，与心理学结合的人机交互,诞生了虚拟现实（VR）、增强现实（AR）、脑机交互等技术。

❖❖理由 6："人机物"互联体系释放巨大创新空间

各种信息传感器收集信息并通过互联网传播,从而实现"人机物"三者的互联互通,这种交互体系推动了工业互联网及物联网等理念的提出。例如,华为试图打造"万物互联"的智能生态环境,其他企业也有智能家居等实现方案。

"人机物"互联的本质是,通过信息变换打通和优化物理世界的物质运动、能量运动以及人类社会的生产活动、消费活动,提供更高品质的产品和服务,使得生产过程和消费过程更加高效、更加匹配、更加智能,用数字化促进经济社会转型,释放巨大潜力。

"人机物"互联体系仍在发展,还有着巨大挖掘价值和创新空间。

▶▶依托计算机的人文发展

❖❖理由 7：互联网推动异次元社区的构建与深度发展

计算机技术能支撑人文发展变革,为多元社会注入更多的智能化、人性化的温暖。

学之：计算机的真正魅力

互联网是一个独特空间，有助于构建新的社会关系并深度发展。例如，哔哩哔哩充分利用互联网技术构建异次元社区，围绕兴趣建立独特空间，通过弹幕开展交流，形成文化圈层与体系。异次元社区的成功并非技术创新，而是互联网技术支撑的人文发展变革。类似的新型社区关系不断出现，如即时通信、微博、朋友圈、抖音等，这些应用貌似源于技术创新，实则受人文发展驱动。

❖❖ 理由 8：计算机学将深度融入各人文领域，形成理念变革

互联网打破了人与人之间交流的物理壁垒，并显著提高了交流速度。例如，E-mail 代替常规邮件，即时通信代替语音电话。未来，增强现实或虚拟现实技术能够再次重塑人与人的交流方式，给人类带来全新的体验。伴随着先进技术的变革，人文情怀、人文价值、人文关怀也将逐次演进，并被赋予时代新特征。

理工变革促进文理发展的趋势日益明显。在人文社会科学领域，以人文计算、复杂网络分析、大规模数据分析为特征的研究方法逐渐被采纳，人文社会科学的科学性显著增强。传统人文社会科学学者对计算机技术和分析技巧的缺失甚至可能影响人文社会科学研究的最终实现。在计算机、互联网、大数据等技术的推动下，人文日新将有不同形态和模式，形成理念变革。

48

▶▶计算机的广阔发展空间

❖❖理由9：学好计算机学能带来广阔的就业空间

有些读者可能会认为，学好计算机学只能当程序员，就业单一，其实，这是一种误解。

学好计算机学能带来广泛的就业空间，包含但不限于计算机领域。从行业看，计算机学与各行业广泛交织，无论是传统的石油、电力、化工，还是新兴的金融、银行、数字经济，都有大量计算机岗位需求。从角色看，对产品开发有独到想法，可以做产品经理；喜欢在软件中寻找漏洞，可以做测试工程师；擅长管理项目，可以做项目经理；有志于行政管理服务者，可以考公务员进入政府部门；学术志向高远者，可以做大学教师或企业研究员；等等。可见，计算机学相关专业就业优势十分明显。

❖❖理由10：计算机学是未来社会治理发展的重要推动力

计算机学所带来的高效互联互通提高了生产及生活效率，也为社会治理提供了新的发展方向。

提高保障和改善民生水平、加强和创新社会治理，是全面建成小康社会的必然要求。将科技创新与社会治理各领域深度融合，能够有效感知内、外环境变化带来的冲

学之一：计算机的真正魅力

击和挑战,显著增强复杂风险的预判与应急能力,有效防范和应对影响现代化进程的潜在系统性风险。

网络社会与社会生活之间存在密切关联,将计算机学所带来的数据查找和搜集能力与大数据算法相结合可以快速精准地定位网络中的潜在威胁,再辅以相关社会保障行动的实施,可以更好地达到社会治理的精细化、网格化和韧性化要求。

结合计算机技术推进社会治理能力朝着现代化方向发展,可以使社会治理水平明显提高,人民群众的安全感、获得感、幸福感显著增强。

专业:计算机学的科学图谱

学问必须合乎自己的兴趣,方才可以得益。

——威廉·莎士比亚

运算天下、互联万物、智慧引领未来。计算机学是一个"江湖"。计算机、互联网、移动应用、人工智能、数据科学、安全对抗、量子计算、虚拟现实、电子商务、信息伦理等,都属于计算机学,它是一个包含科学、技术、人文的大范畴。

▶▶计算机学的专业图谱

计算机学覆盖一个较大的计算机相关专业范畴。

1956 年 12 月,中国科学院计算技术研究所正式成

立,它是中国第一个专门从事计算机科学技术综合性研究的学术机构。2014年,全国约900所高校开设计算机相关专业,主要涉及计算机科学与技术、软件工程、网络工程等6个专业。

2016年,为响应"网络强国"号召,国家设置"网络空间安全"一级学科,29所高校获得首批"网络空间安全"一级学科博士学位授权点资格。

2019年,随着人工智能和大数据浪潮来袭,超过440所高校新增了人工智能相关专业,此时全国高校计算机相关专业点数超过3 700个。

2020—2021年,计算机学相关专业的学校开设数量仍然稳步增长。截至2021年年初,全国高等学校共设置相关专业点数达4 132个。

▶▶计算机科学与技术专业

1994年,中华人民共和国国家教育委员会启动了"高等理科教育面向21世纪教学内容与课程体系改革计划",并批准计算机科学与技术类专业的课程体系改革。1998年,中华人民共和国教育部颁布《普通高等学校本科专业目录》(现已更新为2021年修订版)正式使用计算机科学与技术专业取代之前已有相关专业。2012 年,国家以新的计算机科学与技术(专业代码为 080901)专业取代了旧的计算机科学与技术和仿真科学与技术两个专业,并沿用至今。

计算机科学与技术是一门普通高等学校本科专业,专业类别属于计算机类,基本修业年限为四年,授予工学或理学学士学位。计算机科学与技术专业是一个知识与技术密集型专业,是硬件与软件相结合、面向系统、更偏向应用的宽口径专业,旨在培养具有良好的科学素养、自主学习意识和开拓创新意识,以及科学型和工程型相结合的计算机专业高水平工程技术人才。

随着互联网的快速发展和信息化程度的不断深入,计算机专业一直是热门专业之一,各行业对计算机人才的需求与日俱增。从整体发展趋势来看,计算机科学与技术专业毕业生的就业率和薪资处于各专业领先位置。

该专业毕业生可以从事开发岗、实施岗和应用岗的工作,能够在各类科研院所、政府机构、银行、计算机与网络公司、通信公司等企事业单位从事计算机学科的科学研究、系统设计、开发集成、系统防护、系统管理与维护等工作。

考取计算机科学与技术专业的学生须掌握通识类知识、学科基础知识和专业知识。通识类知识包括人文社会科学类、数学和自然科学类两部分。人文社会科学类知识包括经济、环境、法律、伦理等基本内容；数学和自然科学类知识包括高等数学、线性代数、概率论与数理统计、离散数学等基本内容。学科基础知识主要包括程序设计、数据结构、计算机组成原理、操作系统、计算机网络、编译原理等。专业知识主要包括数字逻辑与数字电路、计算机系统结构、算法、软件工程、并行分布计算、智能技术、计算机图形学与人机交互等知识领域的基本内容。

相比于计算机学其他专业，计算机科学与技术专业历史较久，包含科目和需求的专业技能更广泛，毕业生具有较好的工作适应性，可以凭借更为广泛的专业技能进入计算机相关或不相关行业，尤其是交叉行业。其他计算机学专业在一定程度上依赖于计算机科学与技术专业相关知识。因此，在计算机科学与技术专业的学习过程中，学生可以发现自己擅长或喜欢的其他计算机学领域，并为以后其他相关专业的学习打下良好的基础。

计算机科学与技术中的科学是指计算机领域的理论研究部分，大多数可以从形式上证明，且与数学、离散数学、数理逻辑密切相关。技术则是指实践部分,即和数据以及其他学科相关联的部分。整个专业的实践过程都充满着追求计算理论真理,构建理想化模型,提出确定统一理论的科学探索和科学研究思维。例如,世界上第一台电子计算机体积非常大,随着计算机科学与技术的发展,其体积逐渐缩小到手机或手表大小。无数个发展的叠加造就了今天高度互联、智能丰富的计算机应用环境。

▶▶软件工程专业

2002年,教育部在《普通高等学校本科专业目录》中新增软件工程专业(专业代码为080902),并沿用至今。本专业的专业类别属于计算机类,基本修业年限为四年,授予工学学士学位。随着计算机应用领域的不断扩大及中国经济建设的不断发展,软件工程专业已成为一个新的热门专业。

软件工程专业强调软件开发的工程性,使学生在掌握计算机知识和技能的基础上,熟练掌握从事软件需求分析、软件设计、软件测试、软件维护和软件项目管理等工作所必需的基础知识、基本方法和基本技能,突出对学生专业知识和专业技能的培养,培养能够从事软件开发、软件测试、软件维护和软件项目管理的高级专业人才。

软件工程专业是一门研究用工程化方法构建和维护有效的、实用的和高质量的软件的学科。它涉及软件开发与管理所需的各个方面，包括程序设计、数据库、软件工具、系统平台、设计模式等。在现代社会中，各行业几乎都有计算机软件需求，比如工业、农业、银行、航空、政府等。这些应用促进了经济社会的发展，使工作更加高效，同时提高了人们的生活质量，也是当今社会数字化发展的重要途径。

从知识领域看，软件工程专业以软件方法和技术为核心，涉及计算机的硬件体系、系统平台等相关方面，同时还涉及一些应用领域和通用的管理学、组织行为学等。例如，应用领域能有效支撑对用户需求的理解，从而根据需求设计软件功能。软件工程既涉及应用系统的部署和配置等实际内容，又涉及知识更新和理论创新等内容。

大部分与计算机相关的实践都需要借助软件得以运行，从手机游戏到火箭升空，软件必不可少。软件工程专业不仅培养学生软件的编写和实现能力，而且培养从业者全流程思考和构建能力。

软件工程是一个偏向于经验积累、总结并且强调与人沟通的专业。将软件需求变为软件的实现过程将面临很多问题，如不切实际的需求、体量过大的设计、较长的实现周期、与现有平台无法兼容等。作为一个工程性很强的专业，软件工程强调快速产生成果，折中考虑所有影响因素，管理不确定风险，融汇多种已有技术和经验，甚至在实践中闪现的灵感都将必不可少。

软件工程和人的行为、现实社会的需求息息相关。其研究目标，无论是软件的开发、运营还是维护，都有人的参与，这是它相比于其他计算机专业最明显的特征。软件工程对产出结果的可靠性要求很高。软件是由人驱动的，因此应更加健壮以减少或避免因误操作、网络和设备因素带来的影响。

软件作为计算机和人沟通的渠道，在很大程度上能帮助人更好地了解、获得和分析信息。万维网的出现打破了计算机数据传输困难的问题，浏览器作为具有跨世纪影响意义的软件，推动了整个计算机行业的发展。图形帮助人类更好地认识现实世界，图形化数据更好地帮助人类认识数据世界，操作系统作为最重要的基础性软件，推动着计算机的革新发展。软件工程作为计算机学的专业之一，它的意义和价值不容小觑。

▶▶网络空间安全专业

2015 年 6 月,为实施国家安全战略,加快网络空间安全高层次人才培养,国务院学位委员会在《学位授予和人才培养学科目录》的工学门类下增设网络空间安全一级学科,学科代码为 0839,授予工学学位,包括本科、硕士、博士学位。

网络空间安全专业是网络空间安全一级学科下的主体专业,致力于培养"互联网＋"时代能够支撑国家网络空间安全领域,具有较强工程实践能力,系统掌握网络空间安全的基本理论和关键技术,能够在网络空间安全产业以及其他国民经济部门从事各类网络空间相关的软硬件开发、系统设计与分析、网络空间安全规划管理等工作,具有强烈的社会责任感和使命感、宽广的国际视野、勇于探索的创新精神和实践能力的拔尖创新人才和行业高级工程人才。

网络空间安全专业涉及以信息构建的各种空间领域,研究网络空间的组成、形态、安全、管理等内容。网络空间安全专业毕业生能够从事网络空间安全领域的科学研究、技术开发与运维、安全管理等方面的工作,其就业方向十分广阔,且需求量很大。

网络空间安全专业强化安全观和安全思维,建立从信息思维和计算思维过渡到安全思维的专业思维框架,注重加强实战和对抗,秉承以理论学习为主、理论和实践对抗平衡的教学理念。网络空间安全专业可以概括为运用网络空间安全和计算机技术的专业知识、基础理论和主流方法,分析、解决计算机网络与信息系统安全相关的工程技术问题,设计、开发安全的计算机网络与信息处理系统。专业主干课程包括计算机网络、信息安全数学基础、密码学、操作系统原理及安全、网络安全、人工智能安全、大数据安全、网络舆情分析等。

网络空间安全不仅与计算机技术、网络空间技术、密码学理论有关,还包含新闻学、法学、情报学等内容,属于人文社会科学和自然科学的交叉学科。网络空间作为信息传播的新渠道、生产与生活的新空间、经济发展的新引擎、文化繁荣的新载体、社会治理的新平台、交流合作的新纽带、国家主权的新疆域,受到国家高度重视,所以相关人才非常受重视。

网络空间安全是一种渗透到各种行业、各种事物和各种思想里的特殊行业,需要具备横跨众多领域、宽广的知识面。该领域的成功人士普遍拥有钻研精神和非传统思维。网络空间安全不仅包括网络空间对抗,也包括电

专业:计算机学的科学图谱

磁空间对抗。在未来战场上，拥有网络空间绝对话语权的一方必然会有压倒性的军事优势。

▶▶ 人工智能专业

2017 年 7 月，国务院正式发布的《新一代人工智能发展规划》将人工智能确定为我国重大科技发展战略，明确"完善人工智能领域学科布局，设立人工智能专业，推动人工智能领域一级学科建设"的重点任务。2018 年 4 月，教育部印发的《高等学校人工智能创新行动计划》指出，要鼓励建立人工智能学院、研究院或交叉研究中心，到 2020 年建设约 100 个"人工智能＋X"复合特色专业。2019 年 3 月，教育部公布了 2018 年度普通高等学校本科专业备案和审批结果，35 所高校获首批建设人工智能专业的资格。

人工智能专业是一门普通高等学校本科专业，专业类别属于电子信息类，基本修业年限为四年，授予工学或理学学士学位。人工智能专业旨在培养中国人工智能产业的应用型人才，推动人工智能一级学科建设。

人工智能是运用现代计算和学习的理论与方法，通过对现实世界中的语言、文字、声音、图像、视频等信号的分析处理，也包括对人类大脑活动信号的分析处理，达到对现实世界的智慧感知、认知,按人类认知行为反馈控制操纵现实世界的所有理论和技术的总称。

人工智能专业培养面向国家新一代人工智能发展的重大需求、掌握人工智能理论与工程技术的专门人才,能够掌握机器学习、深度学习、自然语言处理技术、语音处理与识别技术、视觉智能处理技术、国际人工智能专业领域最前沿的理论方法,构建解决科研和实际工程问题的专业思维、专业方法和专业嗅觉,熟悉人工智能相关交叉学科知识,具备科学素养、实战能力、创新能力、系统思维能力、产业视角与国际视野,未来有潜力成长为国际一流工程师、科学家和企业家,能在我国人工智能学科与产业技术发展中发挥领军作用。

人工智能主要通过搜索和优化、逻辑、概率推理、神经网络等工具,解决知识表示、演绎推理、问题求解、学习、感知、规划、运动与操纵、自然语言处理等核心问题。人工智能主要涉及控制理论、计算机科学与工程、数学、统计学、物理学、认知科学、脑科学、神经科学、心理学、语言学、哲学等。人工智能作为计算机中自然科学和社会科学的交叉学科,旨在研究计算机能否像人一样思考问题,其中对智慧、思想、灵感等因素的探索超越了计算机学的知识体系。

　　勤学者不如好学者,好学者不如乐学者。兴趣是最好的老师,将专业选择和个人兴趣相结合,才能激发出源源不断的学习动力,最终在所学领域内有所建树。通过了解自身兴趣,认识自身优势,考虑能力水平与专业要求的匹配度,明确自身的职业价值观,最终选择适合自己的专业。专业无冷热,只有合不合适,现在的热门专业在四年之后可能就是冷门专业,相反冷门专业也可能会变成热门专业。很多专业看似简单,实则深奥。

　　各个新兴专业都将经过学界、社会、政府的反复考量,需要具备长久的发展潜力和一定的体量,各专业并没有好坏之分。

大学：知识殿堂的选择题

选择你所喜欢的，爱你所选择的。

——列夫·托尔斯泰

大学是"开往春天的列车"，虽然沿途风景各不相同，但都承载着每位学子追求理想、成功成才、报效祖国的希望。计算机学覆盖诸多行业，人才需求量巨大。

▶▶中国大学的常用类别

在选择大学时，经常听到以下名词："985 工程"、"211 工程"、"双一流"大学、C9 联盟高校、自主划线高校、延河联盟和卓越联盟，等等，它们究竟是什么意思呢？通过以下这些常用类别，我们来大致了解一下中国大学。

❖❖985 工程

1998 年 5 月 4 日，时任国家主席的江泽民同志在庆祝北京大学建校 100 周年大会上向全社会宣告："为了实现现代化，我国要有若干所具有世界先进水平的一流大学。"同年教育部制订了《面向 21 世纪教育振兴行动计划》，决定重点支持北京大学、清华大学等部分高校创建世界一流大学和高水平大学，并结合江泽民在北京大学百年校庆讲话时间，简称为"985 工程"。

"985 工程"从 1998 年起连续 3 年，中国政府给予相关高校建设世界一流大学的资金支持。"985 工程"建设分为 2 期，共有 39 所高校入选。这些高校就是常说的"985 高校"。（表 1）

表 1　　　　　　　"985 工程"名单

"985 工程"名单		
清华大学	华东师范大学	西安交通大学
北京大学	重庆大学	西北农林科技大学
中国人民大学	四川大学	西北工业大学
北京理工大学	电子科技大学	华中科技大学
北京航空航天大学	湖南大学	武汉大学
中央民族大学	国防科技大学	中国海洋大学
北京师范大学	中南大学	山东大学
中国农业大学	厦门大学	吉林大学

"985 工程"名单		
天津大学	中国科学技术大学	大连理工大学
南开大学	南京大学	东北大学
复旦大学	东南大学	华南理工大学
上海交通大学	哈尔滨工业大学	中山大学
同济大学	浙江大学	兰州大学

❖❖❖211 工程

211 的含义是"21 世纪的 100 所重点大学"。

"211 工程"比"985 工程"启动得更早,1995 年 11 月经国务院批准后正式启动,1995 年至 1996 年,全国各地选出 27 所高等学校首批入选,确定为 211 重点大学。1997 年第二批一共 67 所高校入选,2005 年和 2007 年分别进行了第三批和第四批挑选。截至 2011 年,211 工程共包含 112 所大学,从此不再新增。这些入选的大学就是常说的"211 高校"。(表 2)

表 2   "211 工程"名单

"211 工程"名单		
清华大学	海军军医大学	华中科技大学
北京大学	重庆大学	武汉理工大学
中国人民大学	西南大学	中南财经政法大学
北京交通大学	太原理工大学	华中师范大学

（续表）

"211工程"名单		
北京工业大学	内蒙古大学	华中农业大学
北京航空航天大学	大连理工大学	湖南大学
北京理工大学	东北大学	中南大学
北京科技大学	辽宁大学	湖南师范大学
北京化工大学	大连海事大学	国防科技大学
北京邮电大学	吉林大学	中山大学
中国农业大学	东北师范大学	暨南大学
北京林业大学	延边大学	华南理工大学
中国传媒大学	哈尔滨工业大学	华南师范大学
中央民族大学	哈尔滨工程大学	广西大学
北京师范大学	东北农业大学	四川大学
中央音乐学院	东北林业大学	电子科技大学
对外经济贸易大学	南京大学	西南交通大学
北京中医药大学	东南大学	西南财经大学
北京外国语大学	苏州大学	四川农业大学
中国地质大学	南京师范大学	云南大学
中国石油大学	中国矿业大学	贵州大学
中国政法大学	中国药科大学	西北大学
中央财经大学	河海大学	西安交通大学
华北电力大学	南京理工大学	西北工业大学
北京体育大学	江南大学	长安大学
南开大学	南京农业大学	西北农林科技大学

"211 工程"名单		
天津大学	南京航空航天大学	陕西师范大学
天津医科大学	浙江大学	西安电子科技大学
河北工业大学	中国科学技术大学	空军军医大学
上海外国语大学	安徽大学	兰州大学
复旦大学	合肥工业大学	海南大学
华东师范大学	厦门大学	宁夏大学
上海大学	福州大学	青海大学
东华大学	南昌大学	西藏大学
上海财经大学	山东大学	新疆大学
华东理工大学	中国海洋大学	石河子大学
同济大学	郑州大学	
上海交通大学	武汉大学	

❖❖"双一流"大学

"985 工程""211 工程"，被普遍认为是中国一流大学的标志。

2016 年 5 月，一系列与 985 工程、211 工程相关的文件被宣布废止。

2017 年 1 月，经国务院批准同意，教育部、财政部、国家发展和改革委员会印发《统筹推进世界一流大学和一流学科建设实施办法（暂行）》。同年 9 月 21 日，教育部、财政部、国家发展和改革委员会联合发布《关于公布世界一流大学和一流学科建设高校及建设学科名单的通知》，正式公布世界一流大学和世界一流学科建设高校及建设学科名单，首批"双一流"建设高校共计137所，其中世界一流大学建设高校42所（A类36所，B类6所），世界一流学科建设高校95所；"双一流"建设学科共计465个（其中自定学科44个）。

从2017年开始，"双一流"大学或"双一流"建设学科成为中国一流大学的标志。具体见表3。

表3　　　　　　　　　"双一流"大学名单

"双一流"大学名单		
北京大学	哈尔滨工程大学	中国地质大学
中国人民大学	东北农业大学	武汉理工大学
清华大学	东北林业大学	华中农业大学
北京交通大学	复旦大学	华中师范大学
北京工业大学	同济大学	中南财经政法大学
北京航空航天大学	上海交通大学	湖南大学
北京理工大学	华东理工大学	中南大学
北京科技大学	东华大学	湖南师范大学
北京化工大学	上海海洋大学	中山大学
北京邮电大学	上海中医药大学	暨南大学
中国农业大学	华东师范大学	华南理工大学

"双一流"大学名单		
北京林业大学	上海外国语大学	广州中医药大学
北京协和医学院	上海财经大学	华南师范大学
北京中医药大学	上海体育学院	海南大学
北京师范大学	上海音乐学院	广西大学
首都师范大学	上海大学	四川大学
北京外国语大学	南京大学	重庆大学
中国传媒大学	苏州大学	西南交通大学
中央财经大学	东南大学	电子科技大学
对外经济贸易大学	南京航空航天大学	西南石油大学
外交学院	南京理工大学	成都理工大学
中国人民公安大学	中国矿业大学	四川农业大学
北京体育大学	南京邮电大学	成都中医药大学
中央音乐学院	河海大学	西南大学
中国音乐学院	江南大学	西南财经大学
中央美术学院	南京林业大学	贵州大学
中央戏剧学院	南京信息工程大学	云南大学
中央民族大学	南京农业大学	西藏大学
中国政法大学	南京中医药大学	西北大学
南开大学	中国药科大学	西安交通大学
天津大学	南京师范大学	西北工业大学
天津工业大学	浙江大学	西安电子科技大学
天津医科大学	中国美术学院	长安大学

（续表）

"双一流"大学名单		
天津中医药大学	安徽大学	西北农林科技大学
华北电力大学	中国科学技术大学	陕西师范大学
河北工业大学	合肥工业大学	兰州大学
太原理工大学	厦门大学	青海大学
内蒙古大学	福州大学	宁夏大学
辽宁大学	南昌大学	新疆大学
大连理工大学	山东大学	石河子大学
东北大学	中国海洋大学	宁波大学
大连海事大学	中国石油大学	中国科学院大学
吉林大学	郑州大学	国防科技大学
延边大学	河南大学	第二军医大学
东北师范大学	武汉大学	第四军医大学
哈尔滨工业大学	华中科技大学	

❖❖❖ C9 联盟高校

"985 工程"，最初只有北京大学和清华大学。两所大学被认为是世界一流大学建设高校。2000 年，南京大学、复旦大学、浙江大学、哈尔滨工业大学、上海交通大学、中国科学技术大学、西安交通大学等 7 所高校陆续获批进入"985 工程"。

2009 年 10 月，借鉴美国常春藤联盟、英国罗素大学

70

集团、澳大利亚八校集团等模式,上述 9 所大学签订《一流大学人才培养合作与交流协议书》,成立"九校联盟",被国际上称为中国常春藤盟校。这 9 所大学被称为"C9"或者"C9 联盟"。(表 4)

表 4　　　　　　　　C9 联盟高校名单

C9 联盟高校名单		
北京大学	中国科学技术大学	复旦大学
清华大学	上海交通大学	西安交通大学
浙江大学	南京大学	哈尔滨工业大学

❖❖自主划线高校

自主划线高校指在硕士研究生招收中,可以自主划定复试分数线的高校。国家给予这些大学更多招生自主权。

截至 2021 年年初,自主划线高校共 34 所(表 5)。一般而言,自主划线高校招生分数线都会高于国家线。

表 5　　　　　　　　自主划线高校名单

自主划线高校名单		
清华大学	哈尔滨工业大学	湖南大学
北京大学	复旦大学	中南大学
中国人民大学	同济大学	中山大学
北京航空航天大学	上海交通大学	华南理工大学

大学：知识殿堂的选择题

（续表）

自主划线高校名单		
北京理工大学	南京大学	四川大学
中国农业大学	东南大学	电子科技大学
北京师范大学	浙江大学	重庆大学
南开大学	中国科学技术大学	西安交通大学
天津大学	厦门大学	西北工业大学
大连理工大学	山东大学	兰州大学
东北大学	武汉大学	
吉林大学	华中科技大学	

❖❖❖ 延河联盟

延河联盟指延河高校人才培养联盟。

为继承和发扬延安红色基因教育理念，全面提升人才培养能力和水平，本着信息互通、资源共享、整合优势、协同创新的原则，在北京理工大学的发起和倡议下，延河高校人才培养联盟于 2019 年 3 月 16 日在延安大学成立，共计 9 所高校（表 6）。

表 6　　　　　　　　延河联盟名单

延河联盟名单		
中国人民大学	北京外国语大学	中央美术学院
北京理工大学	中央音乐学院	中央民族大学
中国农业大学	中央戏剧学院	延安大学

72

❖❖卓越联盟

卓越联盟指卓越人才培养合作高校联盟,它由9所工业和信息化部直属高校、教育部直属的世界一流大学建设高校组成。卓越联盟在《卓越人才培养合作框架协议》指导下,本着"追求卓越、协同创新"的原则,联合开展自主选拔录取工作,选拔具有学科特长、创新潜质的优秀学生。具体高校名单见表7。

表7 卓越联盟名单

卓越联盟名单		
北京理工大学	东南大学	天津大学
重庆大学	哈尔滨工业大学	同济大学
大连理工大学	华南理工大学	西北工业大学

❖❖"小985工程"大学

"小985工程"大学指"985工程优势学科创新平台"高校。

只有国家中央部委直属的"211工程"高校,但不属于"985工程"的高校,才有资格获得"985工程优势学科创新平台"资格,共37所大学。这些高校的层次在"985工程"和一般的"211工程"之间,重点建设一批优势学科创新平台,解决国家和行业发展急需的重点领域和重大需求问题。

37 所大学基本上是没有经历过合并重组的行业特色型大学，学科精度很高，具有深厚的行业底蕴和学科积淀（表 8）。

表 8　　　　　　　"小 985 工程"大学名单

"小 985 工程"大学名单		
华中师范大学	南京理工大学	中央财经大学
武汉理工大学	哈尔滨工程大学	陕西师范大学
中国地质大学	暨南大学	北京林业大学
北京科技大学	中国石油大学	华北电力大学
中国矿业大学	南京航空航天大学	江南大学
北京交通大学	上海财经大学	东北林业大学
长安大学	中国政法大学	中国传媒大学
南京农业大学	合肥工业大学	中国地质大学
华东理工大学	北京邮电大学	北京中医药大学
华中农业大学	西安电子科技大学	中国药科大学
西南交通大学	中南财经政法大学	中国矿业大学
西南大学	西南财经大学	
河海大学	北京化工大学	

▶▶中国大学的计算机专业的水平情况

面向计算机学领域，为培养高水平科技人才，国内大批高校开设了计算机学相关专业。下面就中国大学的计算机专业水平进行评估分析。

针对国内大学,有四个评估体系得到大家公认:教育部学科评估、QS 世界大学排名、软科世界一流学科排名、U.S. News 世界大学排名。这些评估范围、评估指标不尽相同,但都得到了广泛认可,每年公布时都备受社会关注。这里只介绍教育部学科评估给出的中国大学计算机科学与技术一级学科水平情况。

✤✤✤教育部学科评估

教育部学科评估指教育部学位与研究生教育发展中心按照国务院学位委员会和教育部颁布的《学位授予和人才培养学科目录》,对除军事学门类外的全部一级学科进行整体水平评估,并根据评估结果进行分析,又称"一级学科整体水平评估"。此项工作于 2002 年首次在全国开展,各高校和科研单位自愿申请参加,至今已完成四轮。第四轮学科评估于 2016 年 4 月启动,截至 2017 年完成,在 95 个一级学科范围内开展,共有 513 个单位的7 449 个学科参评。全国高校具有博士学位授予权的学科有 94％申请参评。

第四轮学科评估首次采用"分档"方式公布评估结果,前 70％的学科分为 9 档公布,既保证较强的区分度,又淡化了分数和名次,有利于引导高校将注意力转移到学科内涵建设的优势和不足方面。评估综合考虑"师资队伍与资源""人才培养质量""科学研究水平""社会服务与学科声誉"四个一级指标框架,对学科综合水平评价十分全面。

❖❖❖QS 世界大学排名

QS 世界大学排名(QS World University Rankings)由英国国际教育市场咨询公司 Quacquarelli Symonds (QS)发布。2004 年到 2009 年期间,QS 公司与《泰晤士高等教育》合作,联合发表《泰晤士高等教育-QS 世界大学排名》。2010 年后,QS 与《泰晤士高等教育》终止合作,两者独立发布世界大学排名。

2021 年,QS 公司与爱思唯尔合作发布排名,榜单涵盖世界综合学科,另有亚洲、新兴欧洲与中亚地区、拉丁美洲、阿拉伯地区、金砖五国共五个依据不同准则的地区排名。QS 世界大学排名将学术声誉、师生比例、研究引用率、国际化作为评分标准,因其问卷调查形式的公开透明而获评为世上最受瞩目的大学排行榜之一。

❖❖❖软科世界一流学科排名

软科世界一流学科排名由上海软科教育信息咨询有

限公司(简称软科)发布,首次发布于 2017 年。排名榜单包括 96 个一级学科。排名指标体系由软科自主研发的"学科发展水平动态监控系统"完成,涉及高端人才、科研项目、成果获奖、学术论文、人才培养等方面。排名数据全部来自第三方数据源,经过软科开发的规范化数据清洗和学科归类流程处理后,统一得到各学科点的各项指标数据。

软科每年定期发布的软科中国大学排名、软科中国最好学科排名、软科世界一流学科排名等,受到《人民日报》《光明日报》《中国教育报》等国内权威媒体的关注和报道,排名指标和方法的客观性和说服力得到了国内高等教育著名专家的公开认可。

❖❖U.S. News 世界大学排名

U.S. News 世界大学排名(U. S. News & World Report Best Global Universities Rankings),又译 U.S. News 全球最佳大学排名,由美国《美国新闻与世界报道》(*U.S. News & World Report*)于 2014 年 10 月首次发布。排名准则包括全球学术声誉、区域学术声誉、顶尖论文数量、顶尖论文比例、论文总数、标准化论文影响力、国际合作、论文总引用次数、博士生毕业数量、博士生比例、学术会议和出版书籍共计 12 项。U.S. News 世界大学排名是继 U.S. News 本科院校排名、U.S. News 研究生院排名之后推出的具有一定影响力的全球性大学排名。

以下给出中国大学计算机科学与技术一级学科水平情况。在计算机科学与技术一级学科中,全国参评教育部第四轮学科评估的高校有 238 所,评估结果见表 9。

表 9 中国大学计算机科学与技术一级学科水平情况

评估结果	院校名称
A+	北京大学
	清华大学
	浙江大学
	国防科技大学
A	北京航空航天大学
	北京邮电大学
	哈尔滨工业大学
	上海交通大学
	南京大学
	华中科技大学
	电子科技大学
A−	北京交通大学
	北京理工大学
	东北大学
	吉林大学
	同济大学

评估结果	院校名称
A−	中国科学技术大学
	武汉大学
	中南大学
	西安交通大学
	西北工业大学
	西安电子科技大学
	解放军信息工程大学
B+	中国人民大学
	北京工业大学
	北京科技大学
	南开大学
	天津大学
	大连理工大学
	哈尔滨工程大学
	复旦大学
	华东师范大学
	东南大学
	南京航空航天大学
	南京理工大学
	杭州电子科技大学
	合肥工业大学
	厦门大学

（续表）

评估结果	院校名称
B+	山东大学
	湖南大学
	中山大学
	华南理工大学
	四川大学
	重庆大学
	西南交通大学
	重庆邮电大学
	陆军工程大学（原解放军理工大学）
B	北京师范大学
	天津理工大学
	山西大学
	大连海事大学
	长春理工大学
	哈尔滨理工大学
	燕山大学
	华东理工大学
	上海大学
	苏州大学
	中国矿业大学
	河海大学
	江苏大学

评估结果	院校名称
B	南京信息工程大学
	浙江工业大学
	安徽大学
	中国海洋大学
	中国地质大学
	武汉理工大学
	暨南大学
	深圳大学
	西南大学
	兰州大学
	火箭军工程大学
B−	北方工业大学
	中国农业大学
	首都师范大学
	天津工业大学
	华北电力大学
	太原理工大学
	内蒙古大学
	沈阳航空航天大学
	东华大学
	南京邮电大学
	江南大学

大学：知识殿堂的选择题

（续表）

评估结果	院校名称
B−	浙江工商大学
	福州大学
	山东科技大学
	济南大学
	华中师范大学
	广西大学
	桂林电子科技大学
	云南大学
	西北大学
	青海师范大学
	新疆大学
	中国石油大学
	空军工程大学
C+	北京化工大学
	北京语言大学
	中国传媒大学
	中国民航大学
	河北大学
	河北工业大学
	沈阳建筑大学
	辽宁师范大学
	上海理工大学

（续表）

评估结果	院校名称
C+	上海海洋大学
	常州大学
	浙江理工大学
	浙江师范大学
	温州大学
	福建师范大学
	南昌大学
	郑州大学
	武汉科技大学
	湖南科技大学
	广西师范大学
	成都信息工程大学
	贵州大学
	昆明理工大学
	长安大学
	青岛大学
	西安邮电大学
C	北京工商大学
	河北工程大学
	石家庄铁道大学
	中北大学
	东北电力大学

评估结果	院校名称
C	长春工业大学
	上海师范大学
	安徽工业大学
	江西师范大学
	山东财经大学
	河南理工大学
	郑州轻工业大学
	湘潭大学
	华南农业大学
	西安理工大学
	西安工业大学
	西北农林科技大学
	三峡大学
	扬州大学
	大连大学
	广东工业大学
C-	中央民族大学
	沈阳理工大学
	黑龙江大学
	上海海事大学
	江苏科技大学
	华侨大学

评估结果	院校名称
C-	东华理工大学
	江西理工大学
	江西财经大学
	河南工业大学
	河南大学
	河南师范大学
	武汉工程大学
	武汉纺织大学
	湖北工业大学
	长沙理工大学
	海南大学
	桂林理工大学
	西南石油大学
	重庆交通大学
	西华大学
	西南财经大学
	西安石油大学
	北京信息科技大学
	湖南工业大学
	海军航空大学(原海军航空工程学院)

▶▶如何选择报考学校与专业？

高考一结束，很多考生都松了一口气，觉得可以好好放松一下。但是，此时高考志愿填报才刚刚开始，其重要程度不亚于考试本身。去哪个学校、读哪个专业，决定了未来几年的学习生活及毕业后的职业规划。

除了个人情结等不可抗因素之外，在预估自己的分数和可选范围后，选择报考学校一般综合考虑三个因素：地域、学风和学校整体水平。

❖❖地域因素

地域是选择大学的重要因素，毕竟上大学不只是学习知识，将来还有城市和就业的选择。从所在城市规模来看，北京、上海、广州、深圳等一线城市以及杭州、重庆、武汉、成都等部分新一线城市，企业密集、经济发达、就业机会好，应是首选。特别是针对计算机学专业，本身实践性强，信息更新快，在一线城市或新一线城市就读，对开阔眼界以及今后实习、就业帮助很大。

从综合角度来看，一线城市各个方面的发展机会都会更多，有助于大学期间的全面发展。相应的，这些地区的录取分数线会高一些。

南北方、东西部差异也值得考虑，大学时期不仅要完成学业，还要切实生活。北方高爽晴朗，江南小桥流水，沿海蓬勃湿润，平原开阔俊朗，各有风格。这些因素比起学校实力、城市规模等因素看似微不足道，但若遇到多个学校无法权衡的局面，则可以再考虑一下生活环境。

选择喜欢的自然环境和生活方式后，心情会更舒畅。如果选择不熟悉地区的大学，也不必过于担心，或许这是一次接触新环境的好机会，要相信自己的适应能力。

❖❖学风因素

不同的大学有不同的校风、学风。比如，清华大学重视运动，有人曾开玩笑说："清华大学的发展史，其实就是一部体育史；清华大学的体育史，其实就是一部跑步史。"不同大学的学风有不同的内涵，学生不仅能收获丰富的学识，还能获得精神给养，这就是学风的作用。有的大学崇尚开放自由，有的大学注重治学严谨，各有千秋。

一般来说，综合性大学具有较为完善的学科体系，能够为学生提供更为全面的学习平台，这对于选择交叉学科或人文专业的同学来说是比较重要的。而理工科大学更专注，特色学科实力更强，丰富多彩的科技创新大赛，会展现出一种浓厚的"技术"气息，迸发出独特的热情和火花。

❖❖学校整体水平因素

学校整体水平是大家首先关注的要素，但需要注意的是，学校整体水平与学科水平不同。对于一些学校，理工科或计算机学科并不是优势学科。

当你填报志愿时，学校和专业都需要考虑，需要权衡。若一味追求名校光环，优先选择学校而压线填报，就有被调剂专业的风险。近几年，计算机学成为热门，报考热度持续不减，调剂概率较高。如果专业优先，可以留出一定的专业选择空间。例如，考生考了 630 分，可以考虑招生线在 610 分左右的高校，留出 20 分左右的专业选择空间，这样可以较为稳妥地进入想读的热门专业。由于不同省份的高考录取规则不同，因此需要仔细研读高考报名规则。

▶▶如何结合兴趣选择计算机专业？

计算机学覆盖 4 个主体学科及专业：计算机科学与技术、软件工程、网络空间安全、人工智能。这 4 个专业的特色各有不同，对学生兴趣偏好也不一样。

计算机科学与技术专业，总体来说偏向计算机系统开发方向，属于典型的工科方向，偏好动手能力强、实践能力好的学生，以培养通才为主要目标，涉及内容比较广泛，以设计、建构、系统为主要思维模式。

软件工程专业，更偏向软件开发及工程管理方向，侧重培养软件开发技术专业人才，不涉及太多基础理论或计算机原理，部分学校该专业设计包含经管、人文内容，更多培养项目组织、管理、工程思维等能力。

网络空间安全专业，以攻防对抗为主要技术特征，属于典型的工科方向，对思维敏锐力、基础理论理解力、动手实践能力等要求较高，也会有适应性课程设置，主要培养领域专才，就业薪资在计算机学相关专业中较高。

人工智能专业，侧重人工智能应用开发或方法理论为主，不涉及计算机系统及大规模软件开发技术，就业前景广阔，但竞争也激烈。部分学校设置的人工智能专业包含数据科学及大数据技术教学体系，符合当前人工智能技术特征。

在计算机学专业中，无论学哪个专业，毕业后从事的工作都可能是五花八门且相互交叉的，例如测试、运维、开发、数据分析、前/后端设计、网络工程师、安全保障等。各专业在基础知识上存在共通性，后续发展主要靠个人兴趣及努力。

大学：知识殿堂的选择题

如果没有明确的取向和兴趣，建议优先选择网络空间安全专业或计算机科学与技术专业。选前者，将构建一套安全思维，掌握一批安全技术，成为专才并对学科领域有更深入的认识，发展后劲更强。选后者，了解广阔的计算机领域知识，再进一步挖掘兴趣，找到方向，也是一种思路。

从思维上看，如果思维方式是"架构型"的，可以选择软件工程专业或计算机科学与技术专业；如果思维方式是"纵深型"的，可以选择网络空间安全专业或人工智能专业。

近些年，国内高水平大学普遍采用"大类招生、专业分流"方式。在一般情况下，第一学年统一管理，进行计算机大类基础教育。从第二学年开始，具体选择专业方向，深入学习。这种方式给很多学生一年的缓冲期，学生可以在大学期间广泛接触专业内容，寻找兴趣。需要注意的是，专业分流会根据第一学年的学业成绩进行排序，这就存在落选最感兴趣专业的可能。如果真正有兴趣，想去最心仪的专业，就要多多努力。

前景：撬动的能力与未来

> 不要努力成为一个成功者，要努力成为一个有价值的人。
>
> ——阿尔伯特·爱因斯坦

"工具决定思维，还是思维决定工具?"这是极具争论的哲学命题。在算力工具超越预期，造就超算核爆、全球互联、人机顶尖对战等系列"神话"之际，固有思维必然被触动并演进。其实，计算机学不在乎决定论等哲学话题，它更在乎改变世界的实际能力。

▶▶计算机学培养哪些思维方式?

计算机学是一门研究算法过程、计算机器和计算本身的学科,专注于计算系统的设计、规范、编程、验证、实现与测试。计算机学作为一门产、学、研深度结合,在科技上高速发展的学科,主要由计算思维、系统思维、对抗思维、创新思维四大思维模式支撑,如图 4 所示。

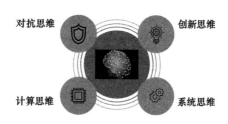

图 4　计算机学四大思维模式

❖❖计算思维

　　计算思维是指运用计算机科学的基础概念进行问题求解、系统设计以及人类行为理解等涵盖计算机科学广度的一系列思维活动,能为问题的有效解决提供一系列的观点和方法。计算思维的特征是基于抽象、自动化、分析评估三个阶段的迭代来获得高效、通用的问题解决方案。首先,抽象是指将具体的问题抽象为可计算的、通用的、公式化的表达;其次,针对抽象的结果进行任务分解,通过一系列算法、技术的组合形成可表达的解决方案即自动化;最后,进行解决方案的执行与评估,并通过结果反馈进一步抽象。通过上述三个阶段的迭代获得最优

（高效、通用）解决方案。

计算思维脱胎于计算机学。通过学习计算机学，能够有效地锻炼这种思维方式，从而养成一套分析并解决抽象问题的思维模式。面对庞大的、复杂的问题和系统时，用户能够基于计算思维对其进行抽象、分解、表达，组合简单方法，形成通用解决算法，并基于迭代得到有针对性的解决方案。培养计算思维，其实就是培养解决复杂问题的能力。

◆◆系统思维

系统思维是指将认识对象作为系统，从系统和要素、要素和要素、系统和环境之间的相互联系、相互作用中综合地考察、认识对象的思维方式。系统思维站在事物全局的高度，从全方位、长远和合适的角度去思考问题，从而求得较优的解决方案。系统思维可以简化我们对于事物的认知，对于复杂事物或者庞大的系统，系统思维提纲挈领地对事物的组成要素及其关系进行分解，在了解其构成原理以及各部分之间的关系后，就能够针对问题的不同部分逐一击破，从而化繁为简。

计算机学涉及的知识面广、内容繁杂，学习计算机学的过程就是培养系统思维的过程。在对自身进行系统思

维培养的过程中，逐渐将浩如烟海的知识内容形成条理清晰、逻辑分明的知识体系是很有成就感也非常锻炼思维能力的过程。此外，在计算机学中，无论是操作系统的设计与实现，还是互联网支撑技术的发展，都是由系统思维支撑的系统能力完成的。

❖❖对抗思维

在计算机学中，对抗思维主要体现在网络空间安全方面，是指技术发展、系统设计的过程中，要考虑逻辑、设计上的弱点，从对抗的角度有针对性地进行预防，避免出现安全问题。所谓"反者道之动，弱者道之用"，事物的矛盾和对立转化是永恒不变的规律，安全领域的研究正是如此，是一个矛与盾此消彼长、互相迭代进步的过程。

对抗思维为技术的发展带来不断前进的动力与创新，没有绝对安全的系统，只有不断发展、不断创新的攻击方法、技术与不断完善的防御体系、技术。例如，在密码学中有一个反常识的原则：安全的加密算法不是保密的算法，而是算法完全公开但公认难以破解的算法。

❖❖创新思维

创新思维是指能够突破原有的思维定式，对已掌握的知识、经验等进行重组，进而提出独特的、新颖的观点或想法,能够多维度创造性地去解决问题的思考方式。创新思维主要有流畅性、灵活性、艺术性三个特点。创新思维使思维更加灵活,看待问题的角度更加多元化,并且能够以富有创造性的方式去解决问题。

计算机学的各种想法在实现上大部分都不需要太高的成本和代价,一台计算机就足够成为创新的舞台,这对我们培养自己的创造性思维提供了相当便利的条件。

▶▶个人最强的计算能力是什么?

个人最强的计算能力即工程能力。工程能力是一个比较宽泛的表述,在计算机学中主要包括开发能力、系统能力两个部分。

❖❖开发能力

开发能力即能够通过代码实现目标功能的能力。计算机学中编程能力是基础。尽管如此,但是编辑能力的上限极高。编程的本质是思考,是通过逻辑演绎并形式化表达的过程。真正的开发能力可实现从任务理解、体系架构、技术突破到调试、测试融会贯通,甚至拥有一个人顶替一个小组的能力。

❖❖系统能力

在工程中,系统能力是很重要的一种能力,属于进阶能力。系统能力主要是指面对庞大系统或高度复杂结构时的掌控能力。系统能力一方面体现在根据设计目的进行子系统的拆分，在明确整体与部分之间的逻辑关系后设计出目标架构，对各个功能进行模块化的划分，制订开发计划。另一方面体现在应用系统在不断迭代进化过程中会变得极其庞大、复杂，要想掌控核心架构，需要具备整体把控与细节突破的能力。

▶▶**个人关键的计算能力是什么**？

计算机学作为实践性很强的学科，个人最强的计算能力主要体现为强大的工程能力。但"学而不思则罔，思而不学则殆"，工程能力的培养与提高需要研究能力这一关键的计算能力的支撑。研究能力包括但不限于以下几点：

问题拆解的能力

信息搜索与整合的能力

整体思维能力

沟通能力

融会贯通、举一反三的能力

▶▶如何用计算机撬动整个世界？

计算机帮助研究者完成计算任务，助力科技发展。从最早的算盘到第一台电子计算机，再到如今的超级计算机，研究计算机的目的就是帮助人们更快地完成"计算"任务，而计算机的能力也从 5 000 次每秒的加法运算提升到了 12.54 京次每秒。在计算机的帮助下，研究者可以更加精确地算出圆周率，或是计算出火箭的弹道来送宇宙飞船远航，乃至模拟出无法在实验中复现、观测的物理系统。

计算机通过自动化控制推动了工业发展。在工业生产中，使用嵌入式系统将计算机植入受控制的生产设备中，实现生产的自动化。如今自动化技术已经被广泛应用于机械制造、电力、建筑、交通运输等领域，成为提高生产率的主要手段。此外，计算机带来的自动化也是工业生产中高精度作业的基础。劳动者虽然可以在电路板上贴上芯片，却无法在晶圆的表面上刻下纳米级精度的电路。只有在计算机的帮助下，计算机自动控制的汽车生产线(图5)设备才能做到高精度，同时也能更高效地进行生产。

图 5　计算机自动控制的汽车生产线

　　计算机通过数字化的信息传播与信息处理增强了人类的信息处理能力。曾经，人类使用纸质的文档管理信息，而现在，数字化办公已经深入人心。人类将信息存入电子化的介质中，使用搜索引擎进行检索而不是进入档案馆进行翻阅，这为每个人的信息获取带来了便利。在计算机的基础上，发展出了互联网，互联网改变了人类的交流方式。在现代，人们被网络连接在了一起，使用社交媒体而不是报纸来获取新闻，使用聊天软件而不是信件来与亲友通信，使用在线购物网站来购买产自世界各地的商品而不是必须到某个实体店进行购物。随着移动互联网的进一步发展，计算机还将为我们的社会带来更大的变革。

　　人工智能技术通过开发计算机自动学习的能力，解决了原本困难的问题。截至 2021 年年初，弱人工智能已经取得初步成果，甚至在一些影像识别、语言分析、棋类游戏等单方面的能力已经超越人类的水平。人脸识别、语音控制的智能助手已经进入每个人的日常生活。在医疗领域，人工智能被用于诊断难以辨识的疾病；在围棋比赛中，AlphaGo 甚至可以战胜人类世界冠军。

▶▶学好计算机，走遍天下都不怕！

随着信息技术的发展，计算机已经融入了各行各业。每个行业都在进行数字化的改革，需要大量掌握计算机技能的人才参与数字化信息化改革与建设。

政府部门需要计算机系统来提升管理效率，小到新冠肺炎疫情期间风靡的各类健康码软件，大到分析监控数据的天网监控系统，都需要计算机的帮助。

工业生产需要计算机系统进行自动化、智能化的生产，智能化是"中国智造"提升产业技术水平的关键。

金融证券行业需要使用计算机来利用人类无法及时反应的短暂市场波动进行高频交易。

教育领域现在也正在推广在线教育，如中国大学MOOC 平台，使得每个人都能享受到较为顶尖的教育资

前景：撬动的能力与未来

源……

实际上,市场对于计算机人才的需求也可以从工资上反映出来。根据国家统计局的 2020 年平均工资的统计数据,信息传输、软件和信息技术服务业的平均工资名列前茅。

人物：科技风云的弄潮儿

> 人世间数百万个闲暇的小时流逝过去，方始出现一个真正的历史性时刻，人类星光璀璨的时刻。
>
> ——斯蒂芬·茨威格

"时势造英雄。"计算机的发展翻天覆地，推动时代变革，造就一批行业风云的弄潮儿。开山鼻祖、学界大神、业界翘楚以及无名英雄，他们在成就自己中改变世界，在改变世界中成就自己。有充足理由说明，计算机学仍然处在初级阶段，未来仍将风云变幻，昨天的他们或许就是未来的你们。莫等闲，去追寻。

计算机学的开山鼻祖

艾伦·马西森·图灵

艾伦·马西森·图灵（Alan Mathison Turing，1912—1954 年），英国数学家、计算机科学家、逻辑学家和密码学家。他被誉为"计算机科学与人工智能之父"，在计算机科学理论的发展中做出了重要的贡献。

1937 年，图灵发表了文章《可计算数及其在判定问题上的应用》。在文章中，他将人类使用纸笔进行数学运算的过程进行抽象，并假设出一个理论设备来代替人类进行数学运算，这种设备称为"图灵机"，可以计算任何能被描述成算法的数学问题，执行任何可能的任务。"图灵机"是现代计算机的理论模型，促进了随后电子计算机的研制工作。

第二次世界大战期间，图灵加入了英国的密码破解组织来帮助盟军破解德军的通信加密装置——恩尼格玛（Enigma）密码机。每个恩尼格玛密码机有 1×10^{19} 个可能的状态，这一夸张的数字不可能被传统的方法破解。为了解决这一难题，图灵发明了名为 Bombe 的解码机，它可以通过一段加密信息，搜索恩尼格玛密码机的状态来尝试获得特定的明文以进行解码。Bombe 解码机成了破解恩尼格玛密码机的主要手段,第一台 Bombe 在 1940 年 3 月18 日被制造出来。

在 1945 年到 1947 年,图灵进入英国国家物理实验室设计"自动计算机"ACE。在 1946 年 2 月 19 日,他发表了第一个程序存储计算机的详细设计。在图灵的设计思想指导下,1950 年制出了 ACE 样机(图 6)。

图 6　ACE 样机

1950 年 10 月,图灵在《计算机和智能》中提出了著名的"图灵测试",用来测试一个机器是否具有"智能"。图灵测试认为,假如一个不知情的人类提问者无法通过对话区分出来一个测试对象是人类还是机器,那么这个机器就被认为可以"思考"。除此之外,图灵在论文中还提出了机器实现人类智能的基本构想,即首先制造一个简单的、有智慧的人工智能系统,然后再让这个系统不断学习进化。这个构想正是今天人工智能领域的核心指导思想。

❖❖约翰·冯·诺依曼

约翰·冯·诺依曼(John von Neumann,1903—1957 年),美籍匈牙利数学家、物理学家、计算机科学家、工程师。他在数学、理论计算机科学、量子力学和经济学中都有巨大贡献,被誉为"最后一位伟大数学家的代表"、"现代计算机之父"和"博弈论之父"。

1923 年,冯·诺依曼考入苏黎世联邦理工学院,同时也成为布达佩斯大学的数学博士研究生。1926 年,他分别在苏黎世联邦理工学院和布达佩斯大学拿到了化学工程师职称和数学博士学位。

1927—1929 年,冯·诺依曼成为柏林大学的兼职讲师,其间,他以接近每个月一篇的速度发表了 20 篇数学论文。1929 年 10 月,他被邀请至普林斯顿大学成为客座讲师,并于 1933 年成为普林斯顿高等研究院的终身教授。他发表了 150 多篇论文,内容涉及数理逻辑、几何学、集合论、测度论及量子力学等领域。

第二次世界大战开始后,冯·诺依曼建立了爆炸数学模型,这使他被美国军方聘为顾问。随后,他参与了曼哈顿计划,为第一枚原子弹的设计和概念做出了卓越贡献。为了解决曼哈顿计划中经常需要解决的大量计算问题,他参与了世界上第一台可编程的通用计算机 ENIAC 的研制。ENIAC 虽然使用了当时最先进的电子技术,但仍存在存储空间有限、运行速度慢等缺点。为了解决这些问题,冯·诺依曼于 1945 年发表了文章 *First Draft of a Report on the EDVAC*,文章中提出了一种计算机架构,即著名的冯·诺依曼架构。在这种架构中,程序和数据一样存储在计算机的内存中,而非像此前的设计一样通过外部的电路或者纸带输入。文章中还提出了众多影响深远的计算机设计理论,如使用二进制编码进行编码数据、采用程序存储思想、软硬件分离等。这些思想至今仍为电子计算机设计者所遵循。

▶▶ 计算机学的九位学界大神

历史是人民创造的。在计算机学领域,有一些英雄,

人物：科技风云的弄潮儿

或者是科学家，或者是程序员，他们用理念、睿智和魅力不断创新，指引发展，推动技术进步。

UNIX 和 C 语言的发明者：肯·汤普逊(Ken Thompson)和丹尼斯·里奇(Dennis Ritchie)

肯·汤普逊于 1960 年进入加州大学伯克利分校就读，6 年后获得电子工程硕士学位，并进入贝尔实验室。1967 年，丹尼斯·里奇在完成了哈佛大学物理学和应用数学系的学习之后，也进入了贝尔实验室。

1964 年，美国国防部委托贝尔实验室、麻省理工学院和通用电气研发 Multics 操作系统，以解决早期计算机处理速度慢、没有界面、难以使用的问题。肯·汤普逊和丹尼斯·里奇都参与了这个项目的开发。

在开发 Multics 操作系统期间，肯·汤普逊编写了一个名为 *Space Travel* 的游戏。但是经过 4 年的奋战，Multics 操作系统并没有获得成功，因此贝尔实验室撤出了该项目。肯·汤普逊为了能够继续玩他的游戏，只能拿手边的 PDP-7 机器进行游戏移植，但这台老式机的操作系统限制了游戏运行的流畅度，因此他和丹尼斯·里奇在 Multics 工作的基础上设计和实现了名为 UNiplexed Information and Computing System 的操作系统。系统在 1970 年正式更名为 UNIX，并被人熟知。

　　肯·汤普逊创造了 UNIX 系统后，觉得需要一种编程语言用来对系统进行维护和更新，于是创造了 B 语言。随后，丹尼斯·里奇在 B 语言的基础上创造了 C 语言。对于丹尼斯·里奇的贡献，计算机历史学家保罗·茨露吉曾评价说：丹尼斯·里奇的名字并不容易让人察觉，也不为人熟知，但是假如有一个能够把计算机放大的显微镜，你会看到里面到处都是他的贡献。鉴于肯·汤普逊和丹尼斯·里奇对计算机领域产生的深远影响，二人同为 1983 年度图灵奖得主。

互联网之父：文顿·瑟夫（Vinton Cerf）和罗伯特·卡恩（Robert Elliot Kahn）

　　作为 TCP/IP 协议的共同发明者，文顿·瑟夫和罗伯特·卡恩二人是公认的"互联网之父"。

　　互联网的构想诞生于美苏冷战时期。当时，美国国防部希望设计一种分散的指挥系统，即使这个系统中的某些节点被摧毁，其他节点仍然能互相通信。带着这个目的，ARPANET（阿帕网）项目立项。1969 年 12 月，ARPANET 在位于美国西海岸不同地点的四台大型计算机上实现了远程通信。随后，由于加入 ARPANET 的节

人物：科技风云的弄潮儿

点数量不断增加，1972 年达到了 40 个，因此老旧的网络控制协议已经无法满足众多节点的通信要求。

1974 年，文顿·瑟夫和罗伯特·卡恩共同发表了名为《关于分组交换的网络通信协议》的论文，正式提出了 TCP 协议和 IP 协议，为后来互联网的发展打下坚实的基础。其中，TCP 协议用来检测网络传输中的差错，IP 协议专门负责对不同网络进行互联。二人在设计网络互联方式的时候就提出让计算机之间的沟通敞开和透明，因此二人并没有为 TCP/IP 协议申请专利，反而花费十年的时间说服人们尝试使用。20 世纪 90 年代中期，TCP/IP 协议终于得到大范围的推广，加上另几项重要网络技术的出现，促进了互联网应用的飞速发展。

万维网之父：蒂莫西·伯纳斯·李(Timothy Berners-Lee)

蒂莫西·伯纳斯·李生于英国伦敦，父母都是计算机科学家。他在辛山小学读小学，1969—1973 年，在伦敦西南部的伊曼纽尔公学读中学。随后，蒂莫西·伯纳斯·李进入牛津大学王后学院，并获得物理学学士学位。

当时的计算机已经通过互联网连接起来，但是计算机之间不能进行信息共享，想要访问特定的信息就需要到相应的计算机前查阅。1980 年，超文本系统、传输控制协议和域名系统等信息传输的基础技术已经被设计出来。蒂莫西·伯纳斯·李设想利用这些技术实现通过网络的信息共享，于是他将已有技术结合起来，并在更高的层次上把现有的文件系统抽象成更大的虚拟系统，形成了万维网的雏形。1989 年，蒂莫西·伯纳斯·李正式发明了万维网，并且在 1990 年编写了第一个网页服务器协议，搭建了第一个网站。随后，万维网飞速发展成数十亿人在互联网上进行交互的主要工具，也成为信息时代的核心技术之一。蒂莫西·伯纳斯·李因他的卓越贡献而获得了 2016 年度的图灵奖。

算法分析之父：高德纳（Donald Knuth）

高德纳出生于美国密尔沃基，是一位著名的计算机科学家。高德纳是现代计算机科学的先驱人物，算法分析领域的奠基人，在计算机科学及数学领域发表了多部影响深远的著作。他编写的《计算机程序设计艺术》是计算机科学界备受推崇的参考书籍之一，该书系统地讲解了计算机相关的算法思想，具有很高的学术价值。

该书由多卷组成，在进行第二卷校验时，高德纳发现出版商的数学公式排版太难看，于是他又编写了数字排版软件 TEX，并一直被改良沿用至今，成为学术界最广泛

人物：科技风云的弄潮儿

使用的论文排版工具之一。凭借在多个计算机领域的杰出成就，高德纳被授予 1974 年度的图灵奖。

自由软件运动精神领袖：理查德·斯托曼（Richard Stallman）

1953 年，理查德·斯托曼出生于美国，是一名程序员，自由软件运动的精神领袖。他就读于哈佛大学和麻省理工学院，截至 2016 年，他已经获得了十五个荣誉博士及教授称号。

自由软件运动倡导软件用户具有对软件自由进行使用、复制、研究、修改和分发等权利。理查德·斯托曼认为开放已有的软件给每个人可以避免重复无益的系统编程，进而可把这份精力用在推动技术革新上面。自 20 世纪 90 年代中期以来，理查德·斯托曼一直致力于自由软件宣传，反对如最终用户许可协议、产品激活、加密狗等剥夺用户软件自由的技术。受其自由软件运动的影响，更多的开源软件被开发、使用和分发，并逐渐影响着世界计算机行业的发展。

Linux 开发者：林纳斯·托瓦兹（Linus Torvalds）

Linux 是自由和开放源码的类 UNIX 操作系统，由林纳斯·托瓦兹在 1991 年首次发布。Linux 操作系统是自由软件运动最著名的例子,只要遵循自由软件使用许可证,任何人都可以自由地修改计算机系统的代码,并发布属于自己的 Linux 版本。在 2005 年之前,Linux 的代码使用了名为 BitKeeper 的软件进行版本管理,但由于商业冲突,BitKeeper 公司收回了 Linux 公司对自己软件的无偿使用权。林纳斯·托瓦兹一气之下用了十天的时间编写出了名为 Git 的开源版本管理软件,如今,多家网络公司均提供使用 Git 进行源码访问的服务。如图 7 所示为 Linux 系统界面。

图 7　Linux 系统界面

Python 开发者:吉多·范·罗苏姆(Guido Van Rossum)

　　吉多·范·罗苏姆生于荷兰哈勒姆,是一名计算机程序员,Python 程序设计语言的创始人。1982 年,吉多·

人物：科技风云的弄潮儿

范·罗苏姆于阿姆斯特丹大学获得数学和计算机科学硕士学位。大学毕业后，吉多·范·罗苏姆曾在多个计算机和数学领域的研究机构工作。在一次项目中，吉多·范·罗苏姆发现用 C 语言开发程序耗费大量时间，Shell 语言对计算机的掌控力又不足。因此，他打算实现一门既能像 C 语言一样掌控计算机的全部资源，又能像 Shell 语言一样简单易用的语言，Python 便由此诞生。如图 8 所示为用 Python 代码绘制的图片。

图 8　用 Python 代码绘制的图片

作为一种高级编程语言，Python 本身拥有巨大且易用的标准库，相比于 C 语言等传统语言对于编程者更为友好，在人工智能的发展中起到了重要的推动作用。他将 Python 的目标定为：简单但是和主流语言一样强大、开源，任何人都可以做出相应贡献，且易于理解并适于短期开发的日常任务。借助于 Python，编程者可以实现小到计算机绘画,大到神经网络训练的任务。

▶▶行业发展的九位业界翘楚

计算机学的发展与计算机行业发展息息相关,计算机行业繁荣发展才能吸引越来越多的人投入计算机领域的研究,研发更先进的技术,带来更好的产品,为人民群众带来便利的生活。这其中一些人作为计算机行业的领军人物,引领着行业发展的方向,为计算机行业带来全新的面貌。

✤✤比尔·盖茨(**Bill Gates**)

比尔·盖茨,全名威廉·亨利·盖茨三世,美国企业家、投资者、软件工程师、慈善家,曾任微软董事长、首席执行官及首席软件设计师职务。

比尔·盖茨于 1955 年 10 月 28 日出生于美国西雅图。中学时,便开始学习计算机编程。1973 年,比尔·盖茨以接近满分的 SAT 成绩被哈佛大学录取。1975 年,抱着"让计算机成为生活、办公中的重要工具"的信念,比尔·盖茨与保罗·艾伦创立了微软公司。1977 年,比尔·盖茨将全部精力投入微软公司中。在比尔·盖茨的领导下,微软推出了 Windows、Office、IE 等软件,将计算机从专业人士手中的机械设备变成了惠及千家万户的日常工具。

❖❖ 史蒂夫·乔布斯（Steve Jobs）

史蒂夫·乔布斯，美国发明家、企业家、营销家，是苹果公司的联合创始人之一。

乔布斯于 1955 年出生于美国旧金山。乔布斯的养父是一名汽车商人，给了乔布斯大量接触机械设备的机会，培养了他的钻研精神和动手能力。大学期间，乔布斯专注于艺术和禅学，学到了如何推销的知识，如何具有个人魅力、成为领导统帅等，这些都为他之后的成功奠定了基础。

1976 年，乔布斯在自己的车库里与斯蒂夫·沃兹尼亚克创办了苹果公司，并很快设计出了最早的商业化计算机 Apple Ⅰ。随后，苹果公司推出了更先进的 Apple Ⅱ并大获成功，苹果公司也步入了飞速发展时期。

然而，当 IBM 进入个人计算机市场之后，苹果公司面临激烈的市场竞争，财政状况逐年恶化。乔布斯早年偏执的工作风格也引发了公司董事会的不满，1985 年，他被迫辞职，离开了苹果公司。

离开苹果公司之后，乔布斯创办了 NeXT，即后来的皮克斯动画制作公司，而失去了乔布斯的苹果公司财政亏损情况并没有好转，最终在 1996 年，苹果公司收购了

NeXT,乔布斯也重回苹果公司。1998 年,苹果公司推出了 iMac,其美观前卫的设计使其大卖,苹果公司也终于走上了正轨。之后,苹果公司陆续推出了 iPhone、iPad、iPod 等产品,成为史上最成功的公司之一。

❖❖拉里·佩奇(Larry)和谢尔盖·布林(Sergey Brin)

拉里·佩奇和谢尔盖·布林都是美国著名的计算机科学家、企业家,二人联合创办了 Google 公司。

拉里·佩奇于 1973 年出生于美国,本科就读于密歇根州立大学,随后去斯坦福大学攻读博士学位。

谢尔盖·布林是一名美国籍犹太裔计算机科学家和企业家。1990 年,谢尔盖·布林进入马里兰大学学习计算机科学和数学,随后进入斯坦福大学攻读博士学位。在斯坦福大学新生欢迎会上,谢尔盖·布林认识了拉里·佩奇,随后两人成了亲密的朋友。

最初,拉里·佩奇和谢尔盖·布林合作研究了一款名为"BackRub"的搜索引擎,该引擎能够把关联性大的搜索结果优先显示,帮助用户更好地获取互联网资源。随后,"BackRub"改名为"Google",含义为 10 的 100 次幂。1998 年,拉里·佩奇和谢尔盖·布林创办了 Google 公司。Google 公司一直在孜孜不倦地追求创新,陆续推出

人物：科技风云的弄潮儿

了 Google 地图、Android 操作系统、Gmail 等产品，满足了用户的不同需求。

✤✤✤ 戈登·摩尔（Gordon Moore）

戈登·摩尔，美国企业家、工程师，Intel 公司的创始人之一。1929 年 1 月 3 日，戈登·摩尔出生于美国旧金山。戈登·摩尔于伯克利大学获得化学学士学位，随后又在加州理工学院取得化学博士学位。

毕业后，戈登·摩尔先在约翰斯·霍普金斯大学的物理实验室工作，随后加入了肖克利半导体公司。在那里，戈登·摩尔遇到了很多才华横溢的年轻人，然而由于公司管理不善，实验室很长一段时间内没有研究出任何有用的产品。于是，公司里意气相投的八个人相约"叛逃"，离开了肖克利公司，即著名的"八叛逆"。

1957 年，"八叛逆"创立了仙童半导体公司。1965 年，戈登·摩尔在《电子》杂志上发表了著名的摩尔定律，即"集成电路上可容纳的晶体管数目，约每隔两年增加一倍"。后来行业的发展印证了摩尔定律的有效性，被誉为电子计算机产业的"第一定律"。1968 年，戈登·摩尔和好友罗伯特·诺伊斯离开了仙童半导体公司，自立门户创立了 Intel 公司。在 Intel 公司，摩尔定律得到了充分的发挥和实践,半导体产品不断推陈出新,逐渐发展为今日微处理器领域的霸主。

❖❖ 罗斯·弗里曼(Ross Freeman)

罗斯·弗里曼是一名美国电气工程师、发明家,Xilinx 公司的创始人之一。1969 年,罗斯·弗里曼毕业于密歇根州立大学,随后于伊利诺伊大学取得硕士学位。

毕业之后,罗斯·弗里曼首先选择了一家非营利组织,去加纳做志愿教师。回国后,罗斯·弗里曼找了一家半导体公司任职。富有想象力的罗斯·弗里曼提出了一个想法:让工程师可以在"空白"的半导体芯片上编程,设计其功能。在当时晶体管造价昂贵的背景下,这个想法宛如天方夜谭。然而,罗斯·弗里曼坚信,依照摩尔定律,晶体管每年都会变得更便宜,最终会使他的"可编程电路"的设想变得可行。

怀着这个信念,35 岁的罗斯·弗里曼与他的同事一起创办了 Xilinx 公司。现在,Xilinx 公司已是全球领先的可编程逻辑器件供应商,占据了一半以上的市场份额。

❖❖ 大卫·帕特森(David Patterson)和约翰·轩尼诗(John Hennessy)

大卫·帕特森,美国计算机科学家,Google 公司杰出

工程师。大卫·帕特森于 1947 年出生于美国伊利诺伊州，1969—1976 年，从加州大学洛杉矶分校获得学士、硕士和博士学位，之后进入伯克利大学任职。

约翰·轩尼诗，美国计算机科学家，字母表公司董事会主席，曾任斯坦福大学校长，被誉为"硅谷教父"。约翰·轩尼诗于 1953 年出生于美国纽约州，本科毕业于维拉诺瓦大学，随后在纽约石溪大学取得计算机科学的硕士及博士学位。

2018 年 3 月 21 日，大卫·帕特森和约翰·轩尼诗获得了图灵奖，因他们共同提出了计算机架构设计和评估的量化方法，对微处理器行业影响深远。具体来说，大卫·帕特森和约翰·轩尼诗提出了一种系统、量化的方法来构建速度更快、能耗更低的 RISC（精简指令集计算机）处理器。他们的方法已被业界广泛使用，现在，每年生产的微处理器中，99％是 RISC 处理器，被应用于各种电子设备上。另外，二人合著的《计算机体系结构：量化研究方法》一书具有开创性意义，影响了其后几代计算机工程师，推动了整个行业的创新步伐。

❖❖❖中本聪（Satoshi Nakamoto）

中本聪，比特币的创造者。2008 年 10 月 31 日，中本聪发表了一篇题为《比特币：一种点对点式的电子现金系统》的论文，论文提出构建一套不依赖第三方金融机构的电子交易体系，并详细阐述了"比特币区块链""工作量证明"等关键技术。2009 年 1 月 3 日，中本聪通过"挖矿"挖出了首批 50 个比特币，标志着比特币金融体系的正式诞生。随后该体系不断完善，2021 年比特币区块链已经生成了超过 60 万个区块，每天平均完成 20 万笔交易，比特币的价格也突破 5 万美元每枚。

比特币社区趋于完善后，中本聪便不再露面，其真实身份始终扑朔迷离。有人认为中本聪是一个机构严密组织的代号，因为比特币相关算法过于精密，不像是个人独立完成的。无论如何，中本聪整合了密码学等领域先进的技术成果，对"数字加密货币"进行了革命性的理论与实践探索。

▶▶科技发展的无名英雄：程序员

科技的发展，从来都不是一人的功劳，在背后往往要有很多无名英雄为之付出努力和汗水。现在的一些软件，比如腾讯 QQ，最开始是由马化腾所带领的团队研发的。但是除了马化腾，团队中其他人的名字很少为人所知，更不用说随着软件的更新迭代，腾讯企业的逐渐壮

人物：科技风云的弄潮儿

大，越来越多的程序员参与到 QQ 的维护以及更新中，为 QQ 带来新的活力。QQ 这款软件能有现在的地位和成就，离不开腾讯公司无数的程序员加班加点修复 BUG、开发新功能的努力。可以说，正是那些无名的程序员在背后默默地付出自己的心血，才有了现在 QQ 的模样。一个成功产品的诞生和发展，离不开团队的带头人引导方向和指挥，更离不开每个成员的付出。

Github 这款开源版本管理软件更加使得无数互不相识的程序员能够通过网络进行合作，共同参与软件项目的编写，每个人都能为产品项目提供自己的智慧和努力。全球的程序员聚集在 Github 这个开源社区，寻找自己喜爱的开源项目，参与贡献，提升技术能力。Linux 操作系统的出现固然伟大，但正是因为 Linux 的开源使得之后无数的程序员维护并更新 Linux 版本，Linux 才能在全球 PC 操作系统的市场中与 Windows 竞争。即使项目最终推出时，可能不会出现某位程序员的名字，但看着自己参与过的项目取得公众的喜爱，也会收获巨大的满足感，同时参与开源项目也能提升自身的能力，一举两得。

在众多的程序员当中，大部分人可能终其一生都不能成为大神、名人，可是他们所做出的贡献不会被人类遗忘，他们是无名英雄！

行业：发展的挑战与机遇

> 我就担心丧失机会。不抓呀，看到的机会
> 就丢掉了，时间一晃就过去了。
>
> ——邓小平

计算机学作为一门覆盖面广、应用场景多和影响力大的学科，经过几十年的快速发展后仍然具有远大前景，"计算机科学与技术"、"软件工程"、"网络空间安全"和"人工智能"作为支撑计算机发展的四个学科都积极地在自己的领域开拓探索，致力于塑造更好的世界。

▶▶**计算机科学与技术有哪些发展机遇？**

计算机科学与技术作为探索计算机世界的先锋学

科,担负着解决算力瓶颈、存储不足、互联性差等问题的责任。在未来,先进的计算、存储、组网等技术将进一步革新计算机学科。

❖❖ **量子计算机**

随着数据时代的到来,算力在一定程度上决定了科技进步的速度。经典计算机使用位作为基本运算单位,只能通过提高计算机核心的频率来加速完成基础运算。但是,频率的提高受到物理因素限制,这就表明经典计算机的算力具有上限。

相比经典计算机,量子计算机(图 9)使用量子比特作为基本运算单位。量子并行计算是量子计算机能够超越经典计算机的重要关键技术。量子计算机以指数形式存储数字,通过将量子位增至 300 个就能储存比宇宙中所有原子总数还大的数字,并能同时进行运算。运行同样的计算任务,位运算计算机需要执行多次运算,而量子计算机可能只需要执行一次叠加。如果说经典计算机的算力是汽油级别,那么可以说量子计算机的算力就是核能级别。

❖❖ **万年存储**

大数据时代,每年产生超过 16 泽字节的数据,想要永久保存这些数据,100 千兆的硬盘要装满 1.6 万亿块,到 2025 年这个数字预计会增大数十倍。通常情况下,陈旧的数据会通过光盘、磁带等大容量存储介质进行永久封存,这些硅基存储介质的使用,一方面受到硅本身数量的限制,另一方面制造存储介质也会消耗如电力、金属等相关资源。

图 9　量子计算机

除了硅基存储,每个生物的生长都是通过 DNA 控制的,这种特性为超大数据的存储带来了可能。《自然》杂志中,有两位遗传学家作者使用 DNA 存储了一段电影,证实了 DNA 存储的可能性,更神奇的是 DNA 中搭载了电影的大肠杆菌仍然能正常地生存并繁殖后代。

❖❖ 量子通信

通信数据加密是保证信息安全的最好手段，加密后的信息即使泄露了也不会像明文一样泄露信息内容，而是只有加密消息的通信双方知晓真实的信息内容。量子通信因其难以确定状态的特殊性而具有传统通信方式所不具备的绝对安全特性，不但在国家安全、金融安全等信息安全领域有着重大的应用价值和前景，而且逐渐走进人们的日常生活。

量子通信的研究主要围绕量子隐形传态和量子密钥分发两种。量子通信以一种"神秘"的方式打破了现有通信方式的桎梏。量子密钥分发作为量子保密通信的基础技术，对未来网络信息的安全保障起着至关重要的作用。

❖❖ 空天信息网络

信息技术产业已经经历了主机时代、互联网时代，现在正处于移动互联时代，未来将会进入空天信息时代，全方位、立体的网络服务将迎来黄金十年。我国基础网络、卫星网络建设已取得较大成就，以北斗系列为代表的国家空间信息基础设施建设已取得长足进步，但是我国的空天信息需求也在逐渐增长，对更完善的空天信息网络构建需求愈发强烈。

卫星是空间基础设施,低轨通信卫星更适合用作通信设备,建成完善的低轨通信卫星网络将大力推进空天信息网络的发展。围绕卫星展开的通信、遥感、导航已经广泛应用于野外探险、信息预测、军事作战等场景,拥有巨大的发展潜力和市场价值。

❖❖端边云计算

端边云计算是云计算、云端协同和相关计算机技术高度融合的产物。云端协同是指使用远方的计算中心为手中的设备提供算力,以解决信息处理困难的问题。但是,远方计算中心和手中设备的连接受限于网络状态,具有不稳定性,在远方计算中心和手中设备中间部署具有较强算力的中间节点可以很好地解决这个问题。

边缘计算,相对于云计算,是指在靠近用户或手中设备的一侧部署一体化的计算平台,就近提供部分服务,其服务需求在终端发起,由边缘平台产生更快的网络服务响应,满足行业在某些不适合云计算场景下的数据和算力需求。

❖❖未来互联网

互联网已经深入生活的每个角落,也是各个行业和领域的数据支撑。现在的互联网仍然存在不稳定、覆盖

性差等问题，解决了这些问题的互联网才是真正的未来互联网。未来最理想的互联网状态应该是人们可以随时随地根据需要获得网络服务，这就意味着需要更多的连接点、更低的连接成本和更快的数据传输。

相比于传统互联网，未来互联网会有革命性发展，传统网络的规则可能会被更好的规则替代。随着网络设备的普及，更智能的网络也是未来互联网的发展方向。

▶▶**软件工程有哪些发展机遇？**

软件工程作为一门连接人与计算机的学科，在人类理解计算机和促进计算机发展过程中具有不可磨灭的贡献。软件工程正朝着更专业、更可靠的方向发展。

✤✤✤**自主可控技术**

自主可控技术是指依靠自身研发设计，全面掌握产品核心技术，实现信息系统从硬件到软件的自主研发、生产、升级、维护的全程可控。简单地说就是核心技术、关键零部件、各类软件全都国产化，自主开发、自主制造，不受制于人。

自主可控是保障网络安全、信息安全的前提，是实现"数字中国"的基石和保障。围绕发展自主可控、安全可信的国产软硬件,国内一些企业进行了积极的探索。我国自主可控行业涉及与系统集成、数据库、中间件、操作系统、服务器、网络设备、芯片等相关的多个行业。

在竞争日益激烈的国际环境下,自主可控和开放合作同等重要。当前,"自主可控、安全可靠"已经成为我国信息产业发展的重要国家战略。

❖❖工业软件

中国是工业大国,工业产能、工业出口规模已经遥遥领先。工业软件不同于普通的计算机软件,工业软件是工业过程等软件形式的缩影,只学过计算机软件的软件工程师,是设计不了工业软件的。

中国工业领域的重要工业软件大部分都依赖进口软件,有大约40％的工业软件适用于企业或工业日常运作,剩下的部分通常都以嵌入式的方式作用于企业终端。可见工业软件在产业中无处不在。

经过近十年的发展,国内工业软件产业有了长足的发展,但是仍然面临着起步较晚、技术垄断和产品可用性不强的问题。未来我国软件工程学科的发展将决定我国在世界工业界的地位。

▶▶**网络空间安全有哪些发展机遇？**

网络空间是信号传输空间和数据空间的统称，在大数据和智能化的网络时代，信息能否快速、顺利、准确地传递不仅关乎个人的网络体验，还关乎国家甚至世界的命运。

✦✦✦**电磁空间对抗**

电磁空间是指电信号传输的空间，是除了陆、海、空、天之外的第五维战场空间。电磁空间对抗更偏向于信号的对抗和设备的对抗，其对抗目标从干扰到摧毁，所使用的技术愈加先进，设备愈加灵敏。可以说，未来的信息化战争，电磁空间作战是主角。

除了使用电磁空间进行信号对抗，快速的信号检测也是关键技术。很多设备仅需要极少的频率点便可以完成其发送或干扰任务。如果不能及时发现并掌握此类设施的动态，另一方就会处于劣势。未来，电磁对抗侦察应该借助最新的智能信息技术，对海量情报数据进行收集和分析。在需要时，使用积累的经验对信号的来源和目的进行快速分析，从而实现对电磁空间的敏锐掌控。

✦✦✦**互联网治理**

当今，以互联网、云计算、大数据等为代表的现代信息技术不断改变着人类的思维、工作、生活和学习方式，也不断展示了世界发展的前景。

互联网已经成为社会发展最重要的推动力量，也是当下自然科学与人文社会科学最为关注的研究领域之一。其中，互联网治理问题，即国家、社会和国际社会如何通过制定相应的原则、政策和法律规范等，促进互联网的发展与应用，始终是诸多领域共同关注的关涉国家治理和全球治理的重要热点议题。

互联网治理是关乎整个社会的多要素协同问题，各角色在领域内制定的标准融合成完善的互联网治理标准。对于联合国教科文组织在内的相关机构，互联网治理是一个中心议题。各组织已意识到互联网在促进人类可持续发展，建立包容性知识社会以及加强信息、思想在全球范围内的自由流动等方面的潜力。

❖❖❖ 网络与系统安全

网络与系统安全是指与网络相关的计算机系统可以不受内部或外部侵害，正常进行数据传输或处理。如果网络能正常地实现其功能，首先就要保证网络的硬件、软件能正常运行，然后要保证数据信息交换的安全性。

保证网络正常运行的安全活动包括互联网基础资源

实时监测和问题发现，帮助网络企业提高产品安全，促进
IETF 等国际标准组织更新标准，发现交换机和终端等电
子设备内核及驱动等目标中的安全漏洞等。

破坏网络和系统安全的方式主要有三种：毁坏系统
资源，使网络不可用；未授权用户通过不正当手段获得对
信息资源的访问权；恶意用户对数据进行未经授权的修
改，甚至使用伪造的数据替换或干扰正常数据。

解决网络与系统安全问题的方法是使用入侵检测系
统、漏洞扫描系统、网络杀毒产品，因此关于这三类系统
的研究话题经久不衰。

❖❖❖ 隐私保护与安全伦理

大数据驱动模式主导了近年来网络环境的发展，随
着各类数据采集设施的广泛使用，智能网络设备不仅能
收集用户的生活信息为用户提供便捷的服务，而且可以
将用户信息上传至云端。因此网络使用需要遵循规则和
法律法规。

网络伦理是指人们在网络空间应该遵循的道德准则
和规范。不遵守网络伦理的原因有网络结构缺陷、经济
利益诱导和网络法律法规不健全，表现为网络上道德规
范力差和网络不道德行为频发。

隐私保护作为关乎个人、关乎社会和谐稳定的重要问题,需要结合技术手段和法律手段共同解决,与此相关的网络空间的道德监管也需要更先进的管理经验和管理思路。

❖❖❖ 网络攻防

网络攻防包含网络攻击和网络攻击防御两个方面。网络攻击是指针对计算机及其相关设备进行破坏、影响和未经授权的数据复制等行为。对于计算机和计算机网络而言,任何未经授权的行为都可以视为攻击。网络攻击防御是指为了保护系统、网络和程序不受数字化攻击所采取的做法,包括入侵检测、漏洞修复以及设定访问规则等网络活动。

技术更新在推动网络防御手段进步的同时,也促进了攻击手段的发展,攻防双方在博弈中进步。通常网络攻击的发展速度更快,为了消除不对等的地位,动态网络防御技术作为网络防御的重点受到业界的特别关注。

▶▶ 人工智能有哪些发展机遇?

近年来,人工智能在经济发展、社会进步、国际政治经济格局等方面已经产生重大而深远的影响。2021 年 3 月 13 日,《中华人民共和国国民经济和社会发展第十四

个五年规划和 2035 年远景目标纲要》(以下简称《纲要》)正式对外公布。"人工智能""大数据"等关键词被频频提及，《纲要》对"十四五"发展规划及未来十余年我国人工智能的发展目标、核心技术突破、智能化转型与应用、保障措施等多个方面都做出了部署。

未来人工智能将持续孵化各类产业领域，如智能驾驶、智慧医疗、智能制造、智慧教育、AI 新基建，以及各类实用智能技术，如自然语言处理技术、计算机视觉技术、强人工智能技术、脑机接口技术等，全方位赋能智慧社会。

❖❖❖ 智能驾驶

2020 年 11 月 15 日，中国人工智能学会(CAAI)发布了《中国人工智能系列白皮书——智能驾驶 2020》，其中给出了智能驾驶的定义：类比人类驾驶，用传感器如雷达、摄像头替代人眼，用算法芯片替代人脑，再用电子控制替代人的手脚，最终实现由智能平台控制汽车、飞机、船舶等运载工具或载体，实现智能驾驶。

智能驾驶作为新一轮科技革命背景下的新兴技术，集中运用了现代传感技术、信息与通信技术、自动控制技术、计算机技术和人工智能技术等，代表着未来汽车技术的战略制高点，是汽车产业转型升级的关键，也是世界公认的发展方向。

✤✤ 智慧医疗

在我国，存在人口老龄化、慢性病发病率/患者数高速增长、医疗资源供需失衡以及地域分配不均等问题，造就了对智慧医疗的巨大需求。随着医疗健康信息化的快速发展，医疗机构及各类医疗健康服务型企业会产生大量的医疗健康数据，包括医疗图像、电子病历、健康档案等，人工智能技术能够对这些医疗大数据进行语义分析和数据挖掘，并实现对部分疾病的早期预警或自动诊断。这些应用主要体现在九个细分领域，包括疾病筛查和预测、医院管理、健康管理、医学影像管理、电子病历/文献分析、虚拟助手、智能化医疗器械、新药发现、基因分析和解读。

✤✤ 智能制造

人工智能与制造业融合对促进制造业转型升级、优化经济结构至关重要。新一代人工智能技术正在全球范围内蓬勃兴起，在政策利好、资金充足和制造业应用潜力巨大的背景下，人工智能＋制造业的行动已在全球的制造企业中陆续展开。

行业：发展的挑战与机遇

根据工业互联网产业联盟发布的《工业智能白皮书》，人工智能＋制造业是指在制造领域中由计算机实现的智能，具有自感知、自学习、自执行、自决策、自适应等特征。按照制造系统自下而上、产品、商业的维度，工业智能的应用领域可以总结为五大类，即生产现场优化、生产管理优化、经营管理优化、产品全生命周期优化和供应链优化，均具有不同的复杂度和影响因素。

❖❖智慧教育

2019 年 5 月，国际人工智能与教育大会在北京召开，并形成《北京共识》，其中提道：各国要制定相应政策，推动人工智能与教育、教学和学习的系统性融合，利用人工智能加快建设开放灵活的教育体系。

智慧教育是指在教、学、练、测、评五个教育环节，使用图像识别、语音识别、对话系统、智能推荐等人工智能技术，辅助教师教学和学生的自主学习，以提高学生成绩、学习效率并促进学生的全面发展。

❖❖AI 新基建

2020 年 9 月 18 日，《人民日报》发表文章《人工智能的"虚"与"实"　百度人工智能加速落地　AI 新基建加速产业智能化》，文章从"AI 新基建"的角度指出：用人工智能来解决农业、工业、服务业等面临的效率和质量问题，是产业智能化的显著特征。

AI 新基建以算力、数据、算法等资源为基础支撑，以智算中心、公共数据集、开源框架、开放平台等为主要载体，赋能制造、医疗、交通、能源、金融等行业的基础设施体系，具有"新基建"的公共基础性和"人工智能"的技术赋能性。作为新基建重要布局领域之一，在各级政府、行业企业、资本市场、科研机构的合力推动下，我国 AI 新基建呈现蓬勃发展态势。

❖❖自然语言处理技术

近年来，自然语言处理技术在人工智能技术推动下呈现快速发展的态势。2018 年 10 月，谷歌 AI 团队发布了 BERT 模型，自然语言处理技术迎来了爆发式的创新突破。机器阅读理解在多种模式下超越人类水平，机器翻译准确性大幅提升，并逐步开始向行业应用渗透。

国内外巨头纷纷围绕自身业务抢滩布局，推动自然语言处理技术在客服、医疗、写作等方面的落地和发展。自然语言处理技术正迈入蓬勃发展的黄金阶段。

❖❖计算机视觉技术

计算机视觉是指用计算机来模拟人的视觉系统，实

现对所视物体形状、方位等信息的确认及其运动状态信息的判断等，综合运用计算机模式识别、信号与图像处理、人工智能、光学、电子及机械一体化等多个领域的技术，是实现多场景下自动化、智能化的关键。

基于人工智能的计算机视觉技术在安防、金融、人脸识别、自动驾驶、虚拟现实等领域的应用也日益成为热点。以安防为例，计算机视觉技术可以通过识别人脸、指纹、虹膜等生物特征，识别人员身份，用于工作考勤、逃犯识别、公共场所安检等场景。通过视频识别、行为识别等技术对视频对象进行提取与分析，可用于视频监控、疑犯追踪、人流分析、防暴预警等场景。

❖❖❖强人工智能技术

当前我们所说的人工智能实际上是弱人工智能。强人工智能与弱人工智能的区别是机器是否具有自我意识。强人工智能观点认为有可能制造出真正能推理和解决问题的智能机器。这种机器人可以独立思考问题并制订解决问题的最优方案，并且将被认为是有知觉的，有自我意识的。当前，强人工智能仍处于畅想阶段，但随着科技的发展，强人工智能的实现或许会在不远的将来。

❖❖❖脑机接口技术

脑机接口技术是指在人或动物大脑与外部设备之间

建立的直接连接,从而实现脑与设备的信息交换。在过去的十几年中,脑机接口的研究与发展十分迅猛。2020年8月29日,埃隆·马斯克自己旗下的脑机接口公司找来"三只小猪"向全世界展示了可实际运作的脑机接口芯片和自动植入手术设备。截至2020年年底,脑机接口技术已经成了全球各国科技竞争的战略高地,也将成为未来推动社会发展的关键技术。

▶▶中国科技的世界名片:华为

2020年是全球经济遭受重创的一年,世界各国为抗击来势汹汹的新冠肺炎疫情均付出了惨重代价。然而,面对疫情反复、地缘政治等不确定因素的重重围堵,以华为(华为技术有限公司)为代表的民族跨国企业迎难而上,创造了前所未有、不可思议的营收业绩。华为公司2020年年报显示,其全年销售收入达到了8 914亿元,同比增长3.8%;净利润为646亿元,同比增长3.2%,收入及利润均创历史新高。

华为创立于1987年,是全球领先的信息与通信基础设施和智能终端提供商,致力于把数字世界带给每个人,带入每个家庭、每个组织,构建万物互联的智能世界,让无处不在的连接成为人人平等的权利,成为智能世界的

前提和基础；为世界提供最强算力，让云无处不在，让智能无所不及；所有的行业和组织，因强大的数字平台而变得敏捷、高效、生机勃勃；通过 AI 重新定义体验，让消费者在家居、出行、办公、影音娱乐、运动健康等全场景获得极致的个性化智慧体验。

作为一家科技公司，华为孵化了一系列高科技技术。例如：5G 通信技术，华为拥有 3 000 多个 5G 专利；GPU Turbo 图形处理加速技术，在系统底层对传统的图形处理架构进行重构，实现软、硬件协同，被业界评价为革命性的图形处理加速技术；昇腾芯片，采用 7 纳米精度的高端人工智能 AI 芯片，AI 技术业界领先；MindSpore，人工智能架构，面向全场景构建最佳昇腾匹配，推进 AI 生态更好地发展；华为地图，提供 150 个国家和地区的地图服务，支持 40 种语言，布置 5 亿个 GPS 信号；Air Glass 玻璃，防刮、防划的智能手机屏幕，挑战康宁大猩猩玻璃的垄断地位；方舟编译器，支持多种编程语言，支持多种芯片平台的联合编译与运行，能够有效解决安卓程序"边解释边执行"的低效率问题。

从 1987 年的初始资本仅 2.1 万元的代理商，到如今年收入超千亿元的跨国企业，华为的一举一动已经成为国内外同行讨论、媒体竞相报道的对象。华为，作为中国改革开放埋下的一颗种子,在过去三十几年的发展中不断生根发芽、开花结果,如今已扎根全球,成了中国科技一张闪闪发光的名片。

❖❖ 与时俱进,顺应潮流

作为一个从小代理商成长起来的企业,华为始终保持着极强的危机意识。在初创阶段,华为创始人任正非顺应声势浩大的改革开放潮流,于 1987 年正式成立了华为技术有限公司。1990 年,面向中小企业对低成本交换机日益增长的需求,华为首次自主研发了交换机产品并实现商用,自此开创自主技术创新之路。1995 年,国家提出"村村通"计划,华为紧握机遇,成了农村市场最大的供应商,销售额达 15 亿元。

在通信领域立稳脚跟后,华为没有停下改革创新的步伐,依旧保持着强烈的生存危机感,陆续完成了全方位的变革。在管理方式方面,华为借鉴西方企业的运营模式,实现了流程规范化、财务清晰化和研发高效化;在管理制度方面,任正非独创了 CEO 轮值制度,公司由四个CEO 轮值,避免"一手遮天"的情况;在研发策略方面,华为与世界各领域领军企业建立合作,创建联合研发实验室,积极学习先进科学技术。

截至 2020 年年底,华为持有有效专利共 10 万余项,其中 90％以上为发明专利。持续的创新变革为华为注入源源不断的新鲜血液,使华为始终充满生机与活力,并在国内外激烈的市场竞争中成为佼佼者。

❖❖天下为家,共同发展

作为我国高科技企业的代表,华为秉承互利共赢思想,在创新领域持续强力投资,推动创新升级,不断为全行业、全社会创造价值,让更多人、家庭和组织受益于万物互联的智能世界。华为坚持打开边界,与世界握手,同合作伙伴一起建立"互生、共生、再生"的产业环境和共赢繁荣的商业生态体系,以实现社会价值与商业价值双赢。

作为研究 5G 技术的龙头企业,其 RuralStar 系列解决方案已累计为超过 60 个国家和地区提供移动互联网服务,覆盖 5 000 多万偏远区域人口。

未来：千里之行始于足下

> 不积跬步，无以至千里；不积小流，无以成江海。
>
> ——荀子

计算机学科实践性很强，大多数课程都能够学以致用，然而，看似低门槛却是更高的门槛，应用与理论、传统与创新、科学与技术，都需要平衡和思考，这就是大格局的计算生态。

▶▶什么是大学先修课程？

人才培养是一场"接力赛"，需要各个阶段有机衔接。大学先修课程（Advanced Placement，AP）起源于美国，1951年由福特基金会发起。2020年，已有40多个国家和地区的 3 600 多所大学承认 AP 学分，将其作为录取学生的参考标准之一，有些学校还可将 AP 学分转为考生的大学学分，其中包括哈佛大学、耶鲁大学、牛津大学、剑桥大学等世界知名大学。近 10 年来，一种类似 AP 课程的尝试——中学与大学对接课程也在国内学校屡见不鲜。2016 年 6 月，中国大学先修课程（China Advanced Placement，CAP）MOOC 正式在中国大学 MOOC 平台推出，旨在使学有余力的高中生能根据自身的兴趣和能力自主选择、自愿学习，提前接受大学的思维方式和学习方法，发展在学科专业学习和研究方面的潜能，帮助其为大学学习乃至未来的职业生涯做好准备。从 2014 年至今，在北京大学、同济大学、南开大学等 19 所高校协办下，推出了 40 门大学先修课 MOOC 课程，累计超过 181 万名高中生学习了 CAP 课程。

▶▶ 计算机有哪些关键课程？

对于计算机的课程学习，首先，要从一门语言开始学习，了解其基本的语法规则。其次，学习数据结构与算法，了解基本的解决问题的能力与方法。在掌握了解决问题的能力之后，可以从通信、控制和组成等多个领域对计算机自身功能的实现与操作进行研究。大学计算机课程体系如图 10 所示。

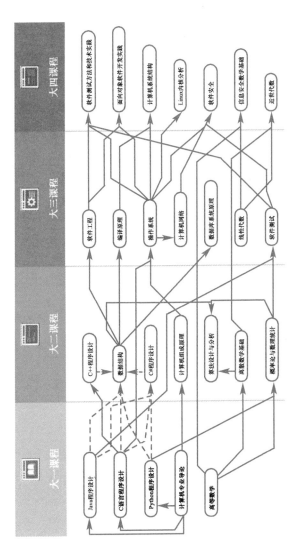

图10 大学计算机课程体系

大一课程 大二课程 大三课程 大四课程

大一课程：Java程序设计、C语言程序设计、Python程序设计、计算机专业导论、高等数学

大二课程：C++程序设计、数据结构、C#程序设计、计算机组成原理、算法设计与分析、离散数学基础、概率论与数理统计

大三课程：软件工程、编译原理、操作系统、计算机网络、数据库系统原理、线性代数、软件测试

大四课程：软件测试方法和技术实践、面向对象软件开发实践、计算机系统结构、Linux内核分析、软件安全、信息安全数学基础、近世代数

未来：千里之行始于足下

❖❖ **程序语言设计**

对于刚开始接触计算机专业的人来说，理解并使用
一门计算机编程语言是十分关键的。无论是 C 语言，还
是 Python 语言，都是不错的入门选择，关键在于对基本
的编程逻辑进行理解，并加以实现。当然，需要注意的
是，语言是表达思想的工具，在刚开始学习的过程中，不
宜对所学习的语言进行过度深入的研究。

编程语言方便我们实现想要实现的内容，例如小程
序的编写。但诸如 C 语言这样的高级语言，直接输入计
算机，计算机其实是无法理解的。由于计算机只认识计
算机语言，因此如何将高级语言转换成机器可以理解的
语言，这就是编译所做的事情。通过对编译原理的学习，
可以对这一过程有着更清楚和深刻的理解，也可以设计
自己的编译器，来自己编写一套属于自己的语言体系。

❖❖ **数据结构**

在掌握基本的程序实现能力之后，如何更方便、更快
速友好地设计一个程序便成了重点，这也是数据结构和
算法设计需要考虑的关键问题。数据结构是计算机存储
并组织数据的一种方式，合理的数据结构是可以提高程
序的运行或存储的效率的。数据结构是计算机科学与技

术专业、软件工程专业甚至于其他电气信息类专业的重要专业基础课程。它所讨论的知识内容和提倡的技术方法,无论对进一步学习计算机领域的其他课程,还是对从事大型信息工程的开发,都是重要而必备的基础。如图11所示为数据结构的三要素。

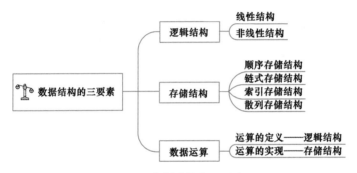

图 11　数据结构的三要素

❖❖算法设计与分析

　　一个问题可能有不同的解决方法。在特定的条件下,如何选择最适合当前条件的方法,这是算法设计与分析要学习的内容。算法设计与分析是计算机专业的核心课程,学习该课程为学习其他专业课奠定了扎实的基础,也对培养计算思维和求解问题的能力起到承上启下的作用。

❖❖计算机网络

　　无论是通信、娱乐还是传递信息，我们每天都在享受着网络带给我们的便利。计算机网络课程可以让你对网络的发展历史，以及网络发展以来的技术更迭有一个更清晰的认识，也可以对网络通信的原理、网络结构的设计更加熟悉。计算机网络作为大学计算机基础教学系列中的核心课程，其目标是使学生"懂、建、管、用"网络，即理解计算机网络的原理、协议和标准，掌握组建网络的工程技术，掌握管理、配置和维护网络的方法，学会使用计算机网络解决信息处理的问题。

❖❖计算机组成原理

　　在掌握解决问题的能力后，下一个需要解决的是怎样使计算机运作起来。在计算机组成原理这门课程里，可以学习计算机是如何执行任务的，其中主要内容包括计算机的基本组成、计算机的指令和运算、存储器和 I/O 系统、处理器设计等。

❖❖操作系统

　　无论我们想用计算机干什么，首先要做的就是启动操作系统，任何软件的运行都离不开操作系统的支持。在操作系统中，如何管理和协调应用程序对计算机系统中软件、硬件资源的使用具有重要的意义。就像我们的生活离不开对资源的调配、调度一样，好的调度可以使资源得到更好的利用。在操作系统这门课程里，你可以对操作系统如何调度系统资源有一个更明确的认知，当遇到一些底层问题时可以帮助你更好地定位错误。主流的操作系统图标如图 12 所示。

图 12　主流操作系统图标

▶▶在大学如何学好计算机？

❖❖明确自己的学习方向

　　初学编程，困扰新手最多的问题是：该从什么编程语言开始学习？计算机的编程语言，主流的和冷门的加起来不下十余种，每一种编程语言都有其独到之处，想要对每一种语言都面面俱到，显然是不可能的。对于新手而

言，过于纠结语言的选择，过于纠结学习的难易，反而会造成捡芝麻丢西瓜的局面。想要学好计算机学，重要的不是纠结语言的学习，而是明确自己的学习方向。例如，想要做算法、机器学习，那么从 Python 语言入门是最好的选择；想要从事互联网企业的日常开发工作，那么Java、PHP、JavaScript 等都是不错的起点；如果想从系统底层做起，将来从事贴近硬件层面的开发，那么可以从 C 语言开始学习。

如果对自己的学习目标不是很明确，犹豫该从哪儿开始，那么就学习 C 语言。C 语言是能让初学者最快理解整个计算机系统的编程语言。学习 C/C＋＋语言与了解计算机系统的过程是十分贴合的。计算机系统本身十分庞大且繁杂，以 C/C＋＋语言为起点，向下可以了解操作系统的原理、计算机网络的构成、计算机的组成原理等，向上可以学习面向对象的编程思想以及其他面向对象的编程语言。只有将 C 语言的基础打好了，才有了学习其他语言或技术的"敲门砖"。

❖❖语言只是进入计算机领域的钥匙

作为计算机专业的学生，在学习过程中一定要牢记一点：编程语言只是一个学习计算机技术的工具。就好比小时候学习的语文、数学，计算机领域中的编程语言仅仅是一个表达思想的工具而已,不能代表计算机学习过程中的一切。很多人会觉得编程语言学得好就等于计算机学学得好,事实并非如此,要设计出一个网页、一套算法、一个项目,编程语言仅仅只是其中的基础而已,想要了解其背后的逻辑、思想、问题的解决方案,就需要不断地学习和积累。

因此,在学习过程中不要将编程语言看得太过重要,编程语言仅仅是一个起点,不是学习的全部。

❖❖编程不能止步于思考

编程,最重要的是"编",需要一行一行地将所想的内容转化成代码。只学不做,这是学习计算机学的大忌。想要提高编程能力,必须亲自动手编写代码。很多人在学习过程中发现,对算法实现的思路非常清晰,但是一动手敲代码就会非常困难。编程的学习目标之一是把自己的思想转换成代码实现出来,因此不要仅仅停留于思考,而忽视了代码的实现,毕竟"纸上得来终觉浅",要多加练习才能有所提高。

❖❖实践,实践,还是实践

实践不仅仅是课堂上的作业,还需要将它融入日常的学习及大学的实习中。在大学课堂上老师可能会教你

某种语言的语法，某种算法的逻辑及实现方法，但如何学习到更多的算法就需要不断地进行实践。例如：在 LeetCode 上做一些基础的算法题，体会算法的思想；在 GitHub 上找一些简单的项目，学习一个项目从 0 开始如何搭建、如何部署，体会在实际工作中是如何进行项目开发的，或直接参与到实际的项目开发中。

▶▶有哪些优秀的计算机学习资源？

❖❖在线教学视频网站

中国大学 MOOC 大学计算机系列课程：从入门到精通；网易云课堂大学计算机专业课程体系；慕课网；实验楼。

❖❖编程网站

牛客网；LeetCode；LintCode。

❖❖高校公开课

浙江大学课程攻略共享计划

中国科学技术大学课程资源

北京大学 EECS 课程资源

加州大学伯克利分校计算机公开课

❖❖❖ **工具使用**

Git 是一个开源的分布式版本控制系统,可以有效、高速地处理从很小到非常大的项目版本管理。Git 是林纳斯·托瓦兹(Linus Torvalds)为了帮助管理 Linux 内核开发而开发的一个开放源码的版本控制软件。

PyCharm 是一个用于计算机编程的集成开发环境(IDE),主要用于 Python 语言开发,由捷克公司 JetBrains 开发,提供代码分析、图形化调试器、集成测试器、集成版本控制系统,并支持使用 Django 进行网页开发。

Visual Studio Code(VS Code)是一款由微软开发且跨平台的免费源代码编辑器软件。该软件支持语法高亮、代码自动补全(又称 IntelliSense)、代码重构、查看定义等功能,并且内置了命令行工具和 Git 版本控制系统。用户可以更改主题和键盘快捷方式实现个性化设置,也可以通过内置的扩展程序商店安装扩展程序以实现拓展软件功能。

Microsoft Visual Studio(VS 或 MSVS)是微软公司的开发工具包系列产品。VS 是一个基本完整的开发工具集,它包括了整个软件生命周期中所需要的大部分工具,如 UML 工具、代码管控工具、集成开发环境(IDE)

等。所写的目标代码适用于微软支持的所有平台，包括
Microsoft Windows、Windows Phone、Windows CE、.
NET Framework、.NET Compact Framework 和
Microsoft Silverlight。

▶▶如何"铸剑"走天涯？

❖❖不要光想不做，也不要光做不想

计算机的学习强调实践，但是在实践过程中也要有
自己的思考。简单来说，就是在学习过程中对以往知识
的归纳和总结，对新知识的记录和思考。对于学习过的
知识，再次遇到时可以想想它的原理是什么，为什么要这
么做；对于新接触的知识，不要急着去搜索答案，而是先
想想它与学习过的知识有什么联系，有没有什么方法去
解决它，把自己的想法记录下来，再去寻找答案。

比较突出的例子是在做算法题时，必然会遇到自己
没有接触过的算法思想。这时候可以先试着用自己的方
法去解决，超时、犯错都没有关系，重要的是要有自己的
想法；然后再去看看正确的算法思路，与自己的方法做对
比，想想为什么要这么做，想想算法的原理。如此一来，
算法的思想和数据结构的相关知识很快就能理解，并加
以运用。

❖❖不断学习的动力是成功的助燃剂

对基础的编程语言和思想有了了解后,如何将这些整合并运用?比如:项目怎么实现?网页怎么搭建?这些基础的算法能做些什么?到了这个时候,一些基础的学习已经很难再让你提升了,你需要的是更深层次的计算机体系的知识。不断学习将是破除这样局面的利剑。

在计算机领域有一些很有名的论文、书籍和课程,虽然你很可能没有时间一一研读,但可以有选择地读其中一些核心的内容,如《编程珠玑》、*Introduction to Algorithms* 等,它们对于提升自身的思维有非常大的帮助。多去了解当前的前沿技术,了解计算机发展的动态,这将对你未来的研究或就业方向有一定的启发。

❖❖通过实习补全自己的知识盲区

学习到一定程度后,就可以考虑未来自己的从业方向:前端、后端、算法、测试……选定一个自己感兴趣的方向,深入学习这方面的知识,并尝试动手实现一个这个方向的相关项目。

当有了充足的把握之后,就可以试着拟出自己的简历,寻找一份相关方向的实习工作。只有通过实习才能了解自己所欠缺的是什么,这也是走出校园、步入社会的

未来：千里之行始于足下

第一步。

　　当然，在找工作过程中，面试失败也是常有的事。需要做的是好好把握每一次面试的机会，总结自己在这次面试中答出来了什么，没有答出来什么，进而去补全那些空白的知识点才是最重要的。

参考文献

[1] 嵩天. 以在线开放课程为引领的大学课程改革新模式[J]. 中国大学教学,2019(11):13-17.

[2] 嵩天. 人工智能领域产教融合的边界分析[J]. 中国大学教学,2018(7):31-35.

[3] 刘全,翟建伟,章宗长,等. 深度强化学习综述[J]. 计算机学报,2018,41(1):1-27.

[4] 刘剑,苏璞睿,杨珉,等. 软件与网络安全研究综述[J]. 软件学报,2018,29(1):42-68.

[5] 金芝,刘芳,李戈. 程序理解:现状与未来[J]. 软件学报,2019,30(1):110-126.

[6] 苏莉蔚. "计算机程序设计"课程中科学思维能力的培养[J]. 计算机时代,2017(1):55-56,59.

［7］ 嵩天,黄天羽,礼欣. Python 语言：程序设计课程教学改革的理想选择［J］. 中国大学教学,2016（2）：42-47.

［8］ 嵩天,李凤霞,蔡强,等. 面向计算思维的大学计算机基础课程教学内容改革［J］. 计算机教育,2014（3）:7-11.

［9］ 翟亚军,王晴. "双一流"建设语境下的学科评估再造［J］. 清华大学教育研究,2017,38（6）:45-51.

［10］ 蔡映辉. 评估与"金课"建设［J］. 中国大学教学,2019（5）:49-54.

［11］ JL Gaudiot, H Kasahara. Computer Education in the Age of COVID-19［J］. Computer, 2020, 53（10）: 114-118.

［12］ MJ Tsai, CY Wang, PF Hsu. Developing the Computer Programming Self-Efficacy Scale for Computer Literacy Education［J］. Journal of Educational Computing Research, 2019, 56（8）: 1345-1360.

［13］ K Stopar, T Bartol. Digital competences, computer skills and information literacy in secondary education: mapping and visualization of trends

and concepts[J]. Scientometrics, 2019, 118(2):
479-498.

[14] I Hbaci, HY Ku, R Abdunabi. Evaluating higher
education educators ' computer technology
competencies in Libya[J]. Journal of Computing
in Higher Education, 2021, 33(1): 188-205.

[15] P Paudel. Online Education: Benefits, Challenges
and Strategies During and After COVID-19 in
Higher Education [J]. International Journal on
Studies in Education, 2021, 3(2): 70-85.

"走进大学"丛书拟出版书目

什么是机械？　邓宗全　中国工程院院士
　　　　　　　　　　　哈尔滨工业大学机电工程学院教授（作序）
　　　　　　　　王德伦　大连理工大学机械工程学院教授
　　　　　　　　　　　全国机械原理教学研究会理事长
什么是材料？　赵　杰　大连理工大学材料科学与工程学院教授
　　　　　　　　　　　宝钢教育奖优秀教师奖获得者
什么是能源动力？
　　　　　　　　尹洪超　大连理工大学能源与动力学院教授
什么是电气？　王淑娟　哈尔滨工业大学电气工程及自动化学院院长、教授
　　　　　　　　　　　国家级教学名师
　　　　　　　　聂秋月　哈尔滨工业大学电气工程及自动化学院副院长、教授
什么是电子信息？
　　　　　　　　殷福亮　大连理工大学控制科学与工程学院教授
　　　　　　　　　　　入选教育部"跨世纪优秀人才支持计划"
什么是自动化？王　伟　大连理工大学控制科学与工程学院教授
　　　　　　　　　　　国家杰出青年科学基金获得者（主审）
　　　　　　　　王宏伟　大连理工大学控制科学与工程学院教授
　　　　　　　　王　东　大连理工大学控制科学与工程学院教授
　　　　　　　　夏　浩　大连理工大学控制科学与工程学院院长、教授
什么是计算机？嵩　天　北京理工大学网络空间安全学院副院长、教授
　　　　　　　　　　　北京市青年教学名师
什么是土木工程？李宏男　大连理工大学土木工程学院教授
　　　　　　　　　　　教育部"长江学者"特聘教授
　　　　　　　　　　　国家杰出青年科学基金获得者
　　　　　　　　　　　国家级有突出贡献的中青年科技专家

什么是水利？　张　弛　大连理工大学建设工程学部部长、教授
　　　　　　　　　　教育部"长江学者"特聘教授
　　　　　　　　　　国家杰出青年科学基金获得者

什么是化学工程？
　　　　　　贺高红　大连理工大学化工学院教授
　　　　　　　　　　教育部"长江学者"特聘教授
　　　　　　　　　　国家杰出青年科学基金获得者
　　　　　　李祥村　大连理工大学化工学院副教授

什么是地质？　殷长春　吉林大学地球探测科学与技术学院教授（作序）
　　　　　　曾　勇　中国矿业大学资源与地球科学学院教授
　　　　　　　　　　首届国家级普通高校教学名师
　　　　　　刘志新　中国矿业大学资源与地球科学学院副院长、教授

什么是矿业？　万志军　中国矿业大学矿业工程学院副院长、教授
　　　　　　　　　　入选教育部"新世纪优秀人才支持计划"

什么是纺织？　伏广伟　中国纺织工程学会理事长（作序）
　　　　　　郑来久　大连工业大学纺织与材料工程学院二级教授
　　　　　　　　　　中国纺织学术带头人

什么是轻工？　石　碧　中国工程院院士
　　　　　　　　　　四川大学轻纺与食品学院教授（作序）
　　　　　　平清伟　大连工业大学轻工与化学工程学院教授

什么是交通运输？
　　　　　　赵胜川　大连理工大学交通运输学院教授
　　　　　　　　　　日本东京大学工学部 Fellow

什么是海洋工程？
　　　　　　柳淑学　大连理工大学水利工程学院研究员
　　　　　　　　　　入选教育部"新世纪优秀人才支持计划"
　　　　　　李金宣　大连理工大学水利工程学院副教授

什么是航空航天？
　　　　　　万志强　北京航空航天大学航空科学与工程学院副院长、教授
　　　　　　　　　　北京市青年教学名师
　　　　　　杨　超　北京航空航天大学航空科学与工程学院教授
　　　　　　　　　　入选教育部"新世纪优秀人才支持计划"
　　　　　　　　　　北京市教学名师

什么是环境科学与工程?

    陈景文 大连理工大学环境学院教授

       教育部"长江学者"特聘教授

       国家杰出青年科学基金获得者

什么是生物医学工程?

    万遂人 东南大学生物科学与医学工程学院教授

       中国生物医学工程学会副理事长(作序)

    邱天爽 大连理工大学生物医学工程学院教授

       宝钢教育奖优秀教师奖获得者

    刘 蓉 大连理工大学生物医学工程学院副教授

    齐莉萍 大连理工大学生物医学工程学院副教授

什么是食品科学与工程?

    朱蓓薇 中国工程院院士

       大连工业大学食品学院教授

什么是建筑? 齐 康 中国科学院院士

       东南大学建筑研究所所长、教授(作序)

    唐 建 大连理工大学建筑与艺术学院院长、教授

       国家一级注册建筑师

什么是生物工程?

    贾凌云 大连理工大学生物工程学院院长、教授

       入选教育部"新世纪优秀人才支持计划"

    袁文杰 大连理工大学生物工程学院副院长、副教授

什么是农学? 陈温福 中国工程院院士

       沈阳农业大学农学院教授(作序)

    于海秋 沈阳农业大学农学院院长、教授

    周宇飞 沈阳农业大学农学院副教授

    徐正进 沈阳农业大学农学院教授

什么是医学? 任守双 哈尔滨医科大学马克思主义学院教授

什么是数学? 李海涛 山东师范大学数学与统计学院教授

    赵国栋 山东师范大学数学与统计学院副教授

什么是物理学?孙 平 山东师范大学物理与电子科学学院教授

    李 健 山东师范大学物理与电子科学学院教授

什么是化学？	陶胜洋	大连理工大学化工学院副院长、教授
	王玉超	大连理工大学化工学院副教授
	张利静	大连理工大学化工学院副教授
什么是力学？	郭　旭	大连理工大学工程力学系主任、教授
		教育部"长江学者"特聘教授
		国家杰出青年科学基金获得者
	杨迪雄	大连理工大学工程力学系教授
	郑勇刚	大连理工大学工程力学系副主任、教授
什么是心理学？	李　焰	清华大学学生心理发展指导中心主任、教授（主审）
	于　晶	辽宁师范大学教授
什么是哲学？	林德宏	南京大学哲学系教授
		南京大学人文社会科学荣誉资深教授
	刘　鹏	南京大学哲学系副主任、副教授
什么是经济学？	原毅军	大连理工大学经济管理学院教授
什么是社会学？	张建明	中国人民大学党委原常务副书记、教授（作序）
	陈劲松	中国人民大学社会与人口学院教授
	仲婧然	中国人民大学社会与人口学院博士研究生
	陈含章	中国人民大学社会与人口学院硕士研究生
		全国心理咨询师（三级）、全国人力资源师（三级）
什么是民族学？	南文渊	大连民族大学东北少数民族研究院教授
什么是教育学？	孙阳春	大连理工大学高等教育研究院教授
	林　杰	大连理工大学高等教育研究院副教授
什么是新闻传播学？		
	陈力丹	中国人民大学新闻学院荣誉一级教授
		中国社会科学院高级职称评定委员
	陈俊妮	中国民族大学新闻与传播学院副教授
什么是管理学？	齐丽云	大连理工大学经济管理学院副教授
	汪克夷	大连理工大学经济管理学院教授
什么是艺术学？	陈晓春	中国传媒大学艺术研究院教授